Horst Weitkamp · Ruth Barth

Einführung in die quantitative Infrarot-Spektrophotometrie

38 Abbildungen, 36 Tabellen

Georg Thieme Verlag Stuttgart 1976

Dr. HORST WEITKAMP,
Abteilungsvorstand, Bayer AG,
Friedrich-Ebert-Straße 217,
D-5600 Wuppertal 1

RUTH BARTH,
PH-Analytisches Laboratorium, Bayer AG,
Friedrich-Ebert-Straße 217,
D-5600 Wuppertal 1

CIP-Kurztitelaufnahme der Deutschen Bibliothek

Weitkamp, Horst
Einführung in die quantitative Infrarot-Spektrophotometrie /
Horst Weitkamp; Ruth Barth.
  ISBN 3-13-534301-4
  NE: Barth, Ruth:

Geschützte Warennamen (Warenzeichen) werden *nicht* besonders kenntlich gemacht. Aus dem Fehlen eines solchen Hinweises kann also nicht geschlossen werden, daß es sich um einen freien Warennamen handele.

Alle Rechte, insbesondere das Recht der Vervielfältigung und Verbreitung sowie der Übersetzung, vorbehalten. Kein Teil des Werkes darf in irgendeiner Form (durch Photokopie, Mikrofilm oder ein anderes Verfahren) ohne schriftliche Genehmigung des Verlages reproduziert oder unter Verwendung elektronischer Systeme verarbeitet, vervielfältigt oder verbreitet werden.

© 1976 Georg Thieme Verlag, D-7000 Stuttgart 1, Herdweg 63, Postfach 732 – Printed in Germany. Satz: Hagedorn, Berlin; Druck: Druckhaus Dörr, Ludwigsburg.

ISBN 3-13-534301-4

Es gibt Millionen Gesichter
der Wahrheit,
aber nur eine Wahrheit.

HERMANN HESSE

Vorwort

Die quantitative IR-Spektrophotometrie ist ein hochselektives Analysenverfahren. Anwendungsschwerpunkte liegen im Bereich der Kunststoffchemie und in der Qualitätskontrolle des Pflanzenschutzes und der Pharmazie. Aber auch in vielen anderen Bereichen wird sie mit Erfolg angewendet.
Durch ihre hohe Selektivität ist sie der Spektrophotometrie im ultravioletten und sichtbaren Spektralbereich deutlich überlegen. Die erreichbare Genauigkeit entspricht z. B. der einer sorgfältig ausgeführten gaschromatographischen Bestimmung. Die Proben werden thermisch nicht belastet, Derivatisierungen sind nicht erforderlich. Die quantitative IR-Spektrophotometrie ergänzt in ausgezeichneter Weise die Anwendungsmöglichkeiten der Gaschromatographie.
Über die Einsatzmöglichkeiten und erzielbaren Genauigkeiten bestehen jedoch häufig abenteuerliche Vorstellungen. Eine eingehende Diskussion der Verfahrensweisen und statistischen Fehler liegt bisher nicht vor. Daher haben wir die wichtigsten Verfahren der quantitativen IR-Spektrophotometrie zusammengestellt. Besonderer Wert wurde dabei auf eine gründliche Darstellung der statistischen Fehler bei den Eich- und Probenmessungen gelegt. Insbesondere wurde jeweils auch die Fehlerfortpflanzung aus der Eichung ins Endergebnis diskutiert. Wenngleich die Berechnungen speziell für die Absorptionsspektrophotometrie angestellt wurden, so sind sie in analoger Weise für viele analytische Methoden gültig.
Das vorliegende Taschenbuch ist als Einführung in das Gebiet der quantitativen IR-Spektrophotometrie gedacht, sowie als Nachschlagewerk in der täglichen Praxis.
Dem Georg Thieme Verlag, Stuttgart, danken wir für eine erfreuliche Zusammenarbeit sowie für das verständnisvolle Eingehen auf viele Sonderwünsche.

Wuppertal, Herbst 1975   HORST WEITKAMP
                                                RUTH BARTH

Inhaltsverzeichnis

Vorwort		IV
I.	Einführung	1
II.	Die Parameter des Beerschen Gesetzes	3
	1. Gesetz der Lichtabsorption	3
	2. Die Parameter des Beerschen Gesetzes und ihre Fehler	5
	3. Einwaage	5
	4. Schichttiefe	6
	5. Volumen	8
	6. Absorbance	10
	7. Absorptivity	14
III.	Auswahl einer Meßbande	15
IV.	Bestimmung von Mengenverhältnissen	23
	1. Bestimmung von Mengenverhältnissen	23
V.	Arbeiten mit innerem Standard	38
VI.	Arbeiten mit äußerem Standard	48
VII.	Bestimmung kleiner Gehaltswerte nach dem Aufstockverfahren	58
	1. Verfahrensparameter	61
	2. Untere Erfassungsgrenze	61
VIII.	Mehrkomponentenanalyse	68
	1. Aufstellen der Eichfunktion	68
	2. Analysenfunktion	69
IX.	Auswahl der Geräteparameter	77
	1. Spaltprogramm	77
	2. Verstärkung	78
	3. Balance	79
	4. Registriergeschwindigkeit	80
	5. Abszissenspreizung	80
	6. Null- und 100-Prozentlinie	81
	7. Kalibrierung der Ordinate	82
	8. Filterwechsler	83
X.	Auswahl der Küvetten	84
	1. Paarigkeit der Küvetten	87
	2. Küvettenbau	88
XI.	Probenpräparation	90
XII.	Registrieren	91
XIII.	Auswertetechnik	96
	1. Digitale Bestimmung von I_0 und I	96
	2. Digitale Registrierung des Spektrums	97

VI Inhaltsverzeichnis

XIV. Behandlung abweichender Analysenwerte –
   Ausreißerprüfung 103
   1. Prüfverfahren unter Anwendung der r-Verteilung
      (Nalimov-Test) 103
   2. Bilden des gewichteten Mittelwertes, Bestwertes 106
XV. Anhang 111
Literatur 118
Sachverzeichnis 119

I. Einführung

Die Infrarotspektrophotometrie ist eine leistungsstarke, hochselektive Methode zur quantitativen Bestimmung organischer Substanzen. Die Skala der Gehaltswerte reicht dabei von einigen ppm bis 100%. Die relative Standardabweichung beträgt etwa 0,7% und entspricht damit derjenigen vieler anderer Methoden, z.B. der UV-Spektrophotometrie und Gaschromatographie, was am Beispiel einer Gehaltsbestimmung von 2-Nitrophenol gezeigt sei.

Tabelle 1 Vergleich verschiedener Methoden zur Gehaltsbestimmung von 2-Nitro-phenol. Die Gaschromatographische Gehaltsbestimmung wurde mit innerem Standard ausgeführt, die spektrophotometrischen mit äußerem Standard. Es wurden jeweils 6 Eich- und 6 Probenmessungen ausgeführt. Die spektrophotometrischen Daten sind in Kapitel VI (S. 52) ausführlich wiedergegeben.

Methode	%-Gehalt	± % Vertrauensbereich
Gaschromatographie	100,4	0,63
UV-Spektrophotometrie (bei 36765 cm^{-1})	100,3	0,69
IR-Spektrophotometrie (bei 1477 cm^{-1})	101,1	0,73
IR-Spektrophotometrie (bei 1810 cm^{-1})	100,5	0,97

Bei Beachtung einiger Regeln, die sich aus den Gesetzen der Lichtabsorption und der Fehlerstatistik herleiten, ist die Ausführung einer quantitativen Analyse unproblematisch und keineswegs schwieriger als eine Bestimmung im UV-Bereich. Die durchschnittliche Zeitdauer einer Messung liegt bei fünf Minuten. Daher eignet sich die IR-Spektrophotometrie besonders für umfangreiche Meßreihen und ist bei gleicher Genauigkeit und Zuverlässigkeit oftmals erheblich schneller als die Gaschromatographie bei der Bestimmung von Substanzen mit langer Retentionszeit.

Wenn die IR-Spektrophotometrie bisher nicht die Stellung im Bereich der analytischen Techniken einnimmt, die ihr aufgrund ihrer hohen Selektivität und Zuverlässigkeit zukommt, so mag das daran liegen, daß die IR-Spektrophotometrie nahezu ausschließlich zur Lösung von Struktur- und Identitätsbestimmungen herangezogen wird. Die für solche Arbeiten optimalen Einstellungen der Geräteparameter (Spaltbreite, Verstärkung, Zeitkonstante, Registriergeschwindigkeit, Ordinatenkalibrierung...) sind jedoch für quantitative Arbeiten ungeeignet.

Im Rahmen dieses Beitrages sollen alle Parameter, die für eine quantitative, IR-spektrophotometrische Gehaltsbestimmung wesentlich sind, eingehend diskutiert werden. Zur Optimierung der verschiedenen Arbeitstechniken wird jeweils eine eingehende Fehlerstatistik durchgeführt. Die Beschreibung der verschiedenen Verfahrensweisen wird durch vollständig durchgerechnete Beispiele ergänzt, so daß eine Übertragung auf eigene Probleme in einfacher Weise möglich sein sollte.

II. Die Parameter des Beerschen Gesetzes

Es wird eine eingehende Fehleranalyse der Parameter
Absorbance
Volumen
Schichttiefe
Einwaage
des Beerschen Gesetzes gegeben.
Es wird gefunden, daß — unter optimalen Arbeitsbedingungen — die Varianz der Absorbance größer ist als die Summe der Varianzen der übrigen Größen. Einer Minimierung der Fehler bei der Bestimmung der Absorbance ist daher bei einer spektrophotometrischen Gehaltsbestimmung besondere Aufmerksamkeit zu widmen.

1. Gesetz der Lichtabsorption

Die Beziehungen zwischen Lichtabsorption, Konzentration und der durchstrahlten Schichttiefe einer Lösung wurden 1852 von BEER dargestellt. Das nach ihm benannte Gesetz beschreibt die Absorption eines parallelen, monochromatischen Lichtbündels in einem isotropen, homogenen Medium. *Isotrop* ist ein Medium dann, wenn die Fortpflanzungsgeschwindigkeit des Lichtes in allen Richtungen gleich ist. Gase, Flüssigkeiten und kubische Kristallsysteme haben diese Eigenschaft. Alle anderen Kristallsysteme sind *anisotrop*. Da man jedoch in der quantitativen Photometrie zumeist in Lösung oder in der Gasphase mißt, ist diese Einschränkung des Gültigkeitsbereiches des Beerschen Gesetzes für uns im allgemeinen ohne Bedeutung.

Schon wesentlich früher hatten BOUGUER (1729) und LAMBERT (1760) festgestellt, daß der von einem transparenten Medium absorbierte Bruchteil des eingestrahlten Lichtes unabhängig von der Intensität des Lichtes ist und daß jede Schicht gleicher Dicke den gleichen Bruchteil des Lichtes absorbiert.

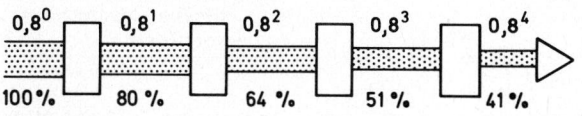

Abbildung 1   Verbleibende Lichtintensität, wenn jede Schicht 2/10 der eingestrahlten Lichtmenge absorbiert

II. Die Parameter des Beerschen Gesetzes

Daher nennt man das Beersche Gesetz ausführlicher Bouguer-Lambert-Beersches-Gesetz. Seine allgemeine Form lautet:

$$\log \frac{I_0}{I} = abc \tag{1}$$

I_0 die eingestrahlte Lichtmenge
I die durchstrahlte Lichtmenge
a ein Maß für die Eigenschaft der betrachteten Substanz, Licht der gegebenen Wellenlänge zu absorbieren
b die durchstrahlte Schichttiefe
c ein Maß für die Konzentration der Lösung

Für die *Parameter* des Beerschen Gesetzes werden im Rahmen dieser Arbeit Definitionen und Symbole verwendet, die überwiegend benutzt und von verschiedenen Kommissionen empfohlen werden.

Tabelle 2 **Die Parameter des Beerschen Gesetzes.** Nomenklatur nach (Analytical Chemistry *42*, 1878 (1970), Applied Spectroscopy *27*, 419 (1973)

Begriff	Symbol	Dimension	Definition	Andere Bezeichnungen
Schichttiefe	b	cm		l, d
Konzentration	c	$\frac{g}{l}$		
Transmittance	T		$T = \frac{I}{I_0}$	Transmittancy Transmission Durchlässigkeit
Absorbance	A		$A = \log \frac{I_0}{I}$	Optische Dichte Absorbancy Extinktion
Absorptivity	a	$\frac{cm^2}{mg}$	$a = \frac{A}{b \cdot c}$	Absorbancy Index Spezifische Extinktion Extinktionskoeffizient
Absorptivity, molar	ε	$\frac{cm^2}{m\,Mol}$	$\varepsilon = a \cdot M$	Molar Absorbancy Index Molarer Extinktionskoeffizient Molarer Absorptionskoeffizient

2. Die Parameter des Beerschen Gesetzes und ihre Fehler

Schreibt man im Beerschen Gesetz

$$a = \frac{A}{c \cdot b} \tag{1}$$

für die Konzentration c E/V, wobei E die eingewogene Substanzmenge (in g) und V das Volumen der Lösung (in *l*) ist, so erhält man

$$a = \frac{A \cdot V}{b \cdot E} \tag{2}$$

Da man zur Gehaltsbestimmung die Absorptivity a bestimmen muß, wollen wir uns eine Übersicht über die Fehler bei der Bestimmung der einzelnen Größen des Beerschen Gesetzes verschaffen und überlegen, wie man diese Fehler minimieren kann.

Durch Anwendung des Fehlerfortpflanzungsgesetzes erhalten wir aus den Fehlern der einzelnen Größen den Fehler in a. Wir wollen die Einzelfehler mit f_A, f_V, f_b und f_E bezeichnen. Für den Fehler in a gilt dann

$$f_a^2 = \left(f_A \frac{V}{b \cdot E}\right)^2 + \left(f_V \frac{A}{b \cdot E}\right)^2 + \left(f_b \frac{-A \cdot V}{b^2 \cdot E}\right)^2 + \left(f_E \frac{-A \cdot V}{b \cdot E^2}\right)^2 \tag{3}$$

3. Einwaage

Die Einwaagen liegen überwiegend zwischen 0,05 und 0,2 g, wenn man als Volumen der Lösung 10 *ml* wählt. Führt man die Wägung auf einer Halbmikrowaage aus, so ist mit einem Fehler von 0,00001—0,00005 g zu rechnen. Um uns einen besseren Überblick über den Wägefehler zu verschaffen, machen wir folgendes Experiment zur Berechnung der Standardabweichung einer Einwaage. Wir bestimmen die Leergewichte von 10 Wägegläschen. Als Wägegut nehmen wir ein Gewichtsstück von ca. 100 mg. Dann wägen wir der Reihe nach dieses Gewichtsstück zusammen mit einem Wägegläschen. Dabei erhalten wir 10mal das Gewicht des Gewichtsstücks als Differenz der Brutto- und Tarawägung. Aus der Streuung dieser Werte um den Mittelwert errechnen wir die Standardabweichung der Einwaage.

II. Die Parameter des Beerschen Gesetzes

Tabelle 3 **Standardabweichung der Wägung bei Benutzung einer Halbmikrowaage**

Brutto	Tara	Gewicht
6,19740	6,09748	0,09992
6,09595	5,99596	0,09999
6,13175	6,03178	0,09997
6,13467	6,03472	0,09995
6,06939	5,96935	0,10004
6,13155	6,03159	0,09996
6,22193	6,12196	0,09997
6,09995	6,00000	0,09995
6,07420	5,97420	0,10000
6,08574	5,98577	0,09997

Mittelwert: 0,099972
Standardabweichung: 0,000033
Freiheitsgrad: 9

Demnach ist der *Fehlerbeitrag* von f_E in f_a^2 bei einer Einwaage E von 0,1 g

$$\left(\frac{A \cdot V}{b}\right)^2 \cdot \left(\frac{3,3 \cdot 10^{-5}}{0,1 \cdot 0,1}\right)^2 = \left(\frac{A \cdot V}{b}\right)^2 \cdot 1,09 \cdot 10^{-5} \tag{4}$$

Der Beitrag des Wägefehlers zum Gesamtfehler ist demnach außerordentlich gering. Er kann weiter verringert werden, wenn anstelle der Halbmikrowaage eine Mikrowaage benutzt wird.

4. Schichttiefe

Die Schichttiefe einer Küvette, wie sie in der IR-Spektrophotometrie üblicherweise angewendet wird, kann man durch Ausmessen der Interferenzen bestimmen, die beim Registrieren einer leeren Küvette gegen Luft aufgezeichnet werden.

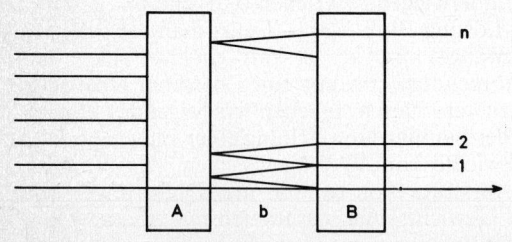

Abbildung 2 Die Entstehung von Interferenzen durch vielfache Reflexion an den Innenflächen einer Küvette. Das Licht fällt senkrecht auf die Scheiben, so daß Gangunterschiede in Abhängigkeit vom Einfallswinkel nicht auftreten

4. Schichttiefe

Fällt kohärentes, monochromatisches Licht durch die Scheibe A und die Luftschicht der Dicke b auf die Scheibe B, so wird dort ein Teil des Lichtes reflektiert. Da die Reflexion an einem optisch dichteren Medium erfolgt, tritt hier ein Phasensprung von $\lambda/2$ auf. Ein Teil des reflektierten Lichtes durchstrahlt nun A (und geht für die Messung verloren) während ein anderer Teil an A reflektiert wird, wobei wieder ein Phasensprung von $\lambda/2$ auftritt. Ein Teil dieses Lichtbündels passiert nun B, gleichzeitig tritt aber auch erneute Reflexion ein. B verläßt nun Licht, das keinerlei Reflexionen erlitten hat, sowie Licht, das 1, 2, 3...n-mal reflektiert wurde. Das reflektierte Licht wird dann die Intensität des Hauptstrahles verstärken, wenn die Wellenlänge multipliziert mit der Zahl der Reflexionen der doppelten Dicke der Luftschicht entspricht. Registriert man nun die Intensität einer Strahlung in Abhängigkeit von der Wellenlänge, so erhält man einen *Wellenzug* mit zahlreichen Maxima und Minima (Abbildung 27, Seite 84).

Zwischen der Schichttiefe b (in cm), der Zahl der Reflexionen r und der Wellenlänge λ (in cm) besteht folgende Beziehung

$$\frac{2 \cdot b}{\lambda} = r \tag{5}$$

mit $v = \frac{1}{\lambda}$

$2 \cdot b \cdot v = r$

Tabelle 4 Zusammenstellung von Interferenzmaxima zur Schichttiefenbestimmung

v	n	v	n
793	0	1127	10
828	1	1160	11
861	2	1192	12
893	3	1226	13
928	4	1259	14
960	5	1292	15
993	6	1327	16
1028	7	1358	17
1060	8	1393	18
1092	9	1424	19

Als Beispiel sind die Wellenzahlen (in cm^{-1}) einer Reihe benachbarter Maxima in Tabelle 4 zusammengestellt. Bei steigender Wellenlänge ist die Zahl der Reflexionen für jedes benachbarte Maximum um 1 vermindert. Haben wir bei v_0 r Reflexionen, so haben wir bei v_n (r+n) Reflexionen, wenn $v_0 < v_n$. Wir erhalten

II. Die Parameter des Beerschen Gesetzes

folgende lineare Beziehung

$$-r + b \cdot 2\nu = n \tag{6}$$

Tragen wir n gegen 2ν auf, so erhalten wir eine Gerade, deren Anstieg uns direkt die Schichttiefe angibt. Lösen wir das überbestimmte Gleichungssystem für die 20 Werte der Tabelle 4 (S. 7), so erhalten wir folgende Werte und ihre Standardabweichung mit 18 Freiheitsgraden.

$b = 0,015054 \pm 0,000015$ cm

$r = 23,912 \quad \pm 0,003$

(d. h. für $\nu = 793$ cm^{-1} interferiert der Hauptstrahl mit dem 24mal reflektierten Strahl).

Der Beitrag von f_b in f_a^2 ist in unserem Beispiel

$$\left(\frac{A \cdot V}{E}\right)^2 \cdot \left(\frac{0,000015}{0,015054^2}\right)^2 = \left(\frac{A \cdot V}{E}\right)^2 \cdot 0,004381 \tag{7}$$

Die zeitraubende Ausgleichsrechnung zur Bestimmung der Schichttiefe läßt sich folgendermaßen umgehen: Mit $2b\nu_0 = r$ und $2b\nu_n = r + n$ erhalten wir

$$b = \frac{n}{2(\nu_n - \nu_0)} \tag{8}$$

Diese Formel ist immer dann praktisch, wenn die Wellenzahlen direkt ablesbar sind. Für ein Gerät, das in Wellenlängeneinheiten kalibriert ist, läßt sich Gl. 8 leicht umformen in

$$b = \frac{n}{2} \cdot \frac{\lambda_0 \cdot \lambda_n}{\lambda_0 - \lambda_n} \tag{9}$$

> Die Intensität der Interferenzen steigt mit zunehmender Wellenlänge und mit dem Reflexionsgrad der verwendeten Küvettenmaterialien. Es ist zweckmäßig zur Bestimmung der Schichttiefe b möglichst im langwelligen Spektralbereich zu messen und über möglichst viele Wellenzüge zu mitteln.

5. Volumen

Zur Herstellung der Meßlösungen wollen wir die Substanzen in Meßkolben einwägen. Dann füllen wir mit dem ausgewählten Lösungsmittel nahezu bis zur Eichmarke auf. Nach dem Lösen der Substanzen stellen wir die Kolben in ein Thermostatenbad, dessen Temperatur der Eichtemperatur der Meßkolben entspricht. Nach erfolgtem Temperaturausgleich füllen wir jeweils bis zur Eichmarke auf. Der dabei auftretende Volumenfehler ist zunächst durch die Qualität der Eichung der Meßkolben gegeben. Die Unsicherheit, die sich aus der Frage ergibt, wie der Eichstrich mit dem Meniskus der Flüssigkeitsoberfläche übereinstimmen soll, kann dadurch eliminiert werden, daß alle zu einer Eichung gehörigen Meßkolben von der gleichen Person aufgefüllt werden. Gleichzeitig sollte dieser Fehler geringer werden, wenn ein Kolben mit einem großen Volumen und einem engen Hals gewählt wird.

Um uns eine Übersicht über die *absoluten Fehlerbeträge* zu verschaffen, machen wir folgendes Experiment:

Wir bestimmen die Leergewichte von je 10 verschiedenen Meßkolben von 10 *ml* Inhalt mit engem Hals, 10 *ml* mit weitem Hals und 50 *ml*. Dann füllen wir die Kolben bis knapp unter die Eichmarke mit Tetrachlormethan, thermostatisieren bei 20 °C für eine halbe Stunde und füllen dann bis zur Eichmarke auf. Nunmehr wägen wir die Kolben erneut. Dividieren wir die Gewichtswerte durch die Dichte von Tetrachlormethan (D = 1,5942), so erhalten wir die Werte, wie sie in Tabelle 5 angegeben sind. Wenn wir die Wägefehler vernachlässigen, erhalten wir die mittleren Volumenfehler, die ebenfalls in Tab. 5 angegeben sind.

Tabelle 5 **Bestimmung des Volumenfehlers bei Verwendung von eichfähigen Meßkolben**

Nr.	50 *ml*	10 *ml* Weithals	10 *ml* Enghals
1	50,063150	9,964761	9,982855
2	50,090792	9,974138	10,012547
3	50,051704	9,983647	10,011937
4	50,066276	9,985056	10,002522
5	50,052144	9,997446	10,011163
6	50,061528	9,962723	10,001685
7	50,116459	9,988396	10,002490
8	50,116849	9,972522	10,029308
9	50,031270	9,983176	10,019025
10	50,097729	9,969295	10,012119
Mittelwert	50,074790	9,978116	10,008565
Standardabweichung	0,029081	0,011135	0,012328
Freiheitsgrad	9	9	9

Der Beitrag des *Volumenfehlers* in f_a^2 ist demnach bei einem 10-*ml*-Meßkolben

$$\left(\frac{A}{b \cdot E}\right)^2 \cdot 0{,}0001 \qquad (10)$$

und bei einem 50-*ml*-Meßkolben

$$\left(\frac{A}{b \cdot E}\right)^2 \cdot 0{,}0008 \tag{11}$$

Da man, um die gleiche Konzentration zu erhalten, bei Verwendung eines 50-*ml*-Meßkolbens eine 5 mal größere Einwaage benötigt, ergeben sich z. B. mit 0,1 g Einwaage bei 10 *ml* und 0,5 g Einwaage bei 50 *ml* folgende Fehlerbeiträge:

$$\left(\frac{A}{b}\right)^2 \cdot 0{,}01 \quad (10\ ml,\ 0{,}1\ g) \tag{12}$$

$$\left(\frac{A}{b}\right)^2 \cdot 0{,}0036 \quad (50\ ml,\ 0{,}5\ g) \tag{13}$$

Die Unterschiede für 10 bzw. 50 *ml* Lösung sind also gering. Man muß also sorgfältig prüfen, ob die geringfügig verringerten Fehler den höheren Substanzeinsatz (insbesondere auch von oftmals kostbarer Eichsubstanz) rechtfertigen.

6. Absorbance

Die Absorbance ist definiert als $A = \log I_0/I$. Dabei ist I_0 die Intensität des Referenzstrahles und I die Intensität des Probenstrahles. Beide Größen werden üblicherweise im Absorptionsmaximum der betrachteten Absorptionsbande bestimmt.

Der Fehler von I_0 sei f_{I_0}, von I f_I und entsprechend von A f_A. Schreiben wir die Funktion $A = \log I_0/I$ in der Form

$$A = \log I_0 - \log I \tag{14}$$

so finden wir durch Anwendung des Fehlerfortpflanzungsgesetzes

$$f_A^2 = \left(f_{I_0} \cdot \frac{\partial A}{\partial I_0}\right)^2 + \left(f_I \cdot \frac{\partial A}{\partial I}\right)^2 \tag{15}$$

$$f_A^2 = \left(f_{I_0} \cdot \frac{\partial (\log I_0 - \log I)}{\partial I_0}\right)^2 + \left(f_I \cdot \frac{\partial (\log I_0 - \log I)}{\partial I}\right)^2 \tag{16}$$

$$f_A^2 = \left(f_{I_0} \cdot \frac{\log e}{I_0}\right)^2 + \left(f_I \cdot \frac{-\log e}{I}\right)^2 \tag{17}$$

und schließlich mit $\log e = 0{,}43$

$$f_A^2 = \left(f_{I_0} \cdot \frac{0{,}43}{I_0}\right)^2 + \left(f_I \cdot \frac{0{,}43}{I}\right)^2 \tag{18}$$

Um den *optimalen Arbeitsbereich* für eine Bestimmung der Absorbance festzulegen, ist es von besonderem Interesse festzustellen, ob

6. Absorbance

der relative Fehler in A konstant oder variabel ist. Zur Beantwortung dieser Fragen gehen wir von Gl. **18** aus und machen die Annahme, daß $f_{I_0} \equiv f_I \equiv 1$. Dann ist

$$\frac{f_A}{A} = \frac{\log e}{A} \sqrt{\frac{1}{I_0^2} + \frac{1}{I^2}} \tag{19}$$

Aus $A = \log I_0 - \log I$ folgt

$$\log I = \log I_0 - A \tag{20}$$

$$I = 10^{\log(I_0) - A} \tag{21}$$

$$I = \frac{I_0}{10^A} \tag{22}$$

Setzt man diesen Wert in Gl. **19** ein, so erhält man

$$\frac{f_A}{A} = \frac{\log e}{A} \sqrt{\frac{1}{I_0^2} + \frac{10^{2A}}{I_0^2}} \tag{23}$$

$$\frac{f_A}{A} = \frac{\log e}{I_0} \frac{\sqrt{10^{2A} + 1}}{A} \tag{24}$$

Der relative Fehler in A ist also eine Funktion des Ausdruckes

$$\frac{\sqrt{10^{2A} + 1}}{A}$$

Trägt man diese Funktion gegen A auf, so erhält man eine Kurve, die bei $A = 0{,}4815$ durch ein Minimum geht und im Bereich 0,3 bis 0,7 ziemlich flach verläuft.

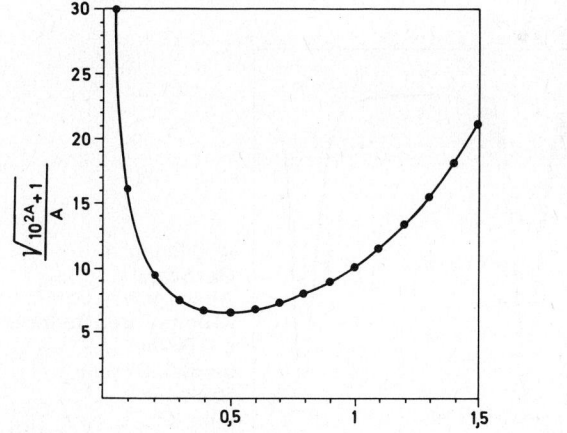

A	$\frac{\sqrt{10^{2A}+1}}{A}$
0,050	30,0594
0,100	16,0776
0,200	9,3700
0,300	7,4394
0,400	6,7590
0,4810	6,627487
0,4815	6,627482
0,4820	6,627485
0,500	6,6332
0,600	6,8412
0,700	7,3009
0,800	7,9854
0,900	8,8955
1,000	10,0498
1,100	11,4448
1,200	13,2337
1,300	15,3674
1,400	17,9563
1,500	21,0924
2,000	50,0025
3,000	333,3335

Abbildung 3 Relativer Fehler der Absorbance als Funktion von A

II. Die Parameter des Beerschen Gesetzes

> Um den Fehler der Absorbance möglichst klein zu halten, sollte man stets bemüht sein, durch Variation der Konzentration der Lösung und der Schichttiefe, einen Wert für A zwischen 0,3 und 0,7 zu erhalten.

Wir wollen nun durch ein Experiment die Fehler der Absorbance und ihre Abhängigkeit von verschiedenen Geräteparametern bestimmen. Unsere Messungen führen wir an einem Gerätetyp aus, wie er üblicherweise benutzt wird: an einem Doppelstrahlgerät mit optischem Nullabgleich. Hierbei wird eine Kammblende (linear mit der Durchlässigkeit) soweit in das Referenzstrahlenbündel bewegt, bis die Energie im Referenzstrahlengang gleich der Energie im Probenstrahlengang ist.

Für unser *Experiment* gehen wir davon aus, daß die Messung von I_0 und I hauptsächlich vom Rauschen des Verstärkers bestimmt ist. Als Meßbande wählen wir die Carbonylabsorption von Milchsäureäthylester. Wir montieren auf der Antriebsachse der Kammblende ein Potentiometer und greifen die zur Position der Kammblende proportionale Spannung ab. Diese messen wir mit einem Digitalvoltmeter im Abstand von 0,5 zu 0,5 Wellenzahleneinheiten. Zur Bestimmung von I_0 wollen wir eine Parallele zur Abszisse durch die Meßpunkte der Registrierkurve von 1800 bis 1792 cm^{-1} ziehen. Das heißt I_0 ist der Mittelwert der Meßwerte im angegebenen Bereich, und der Fehler von I_0 ist die Standardabweichung, die sich aus den Meßwerten errechnet. Zur Bestimmung von I messen wir in gleicher Weise die Position der Kammblende an 7 Wellenzahlen im Absorptionsmaximum. Durch diese Punkte legen wir die Ausgleichskurve

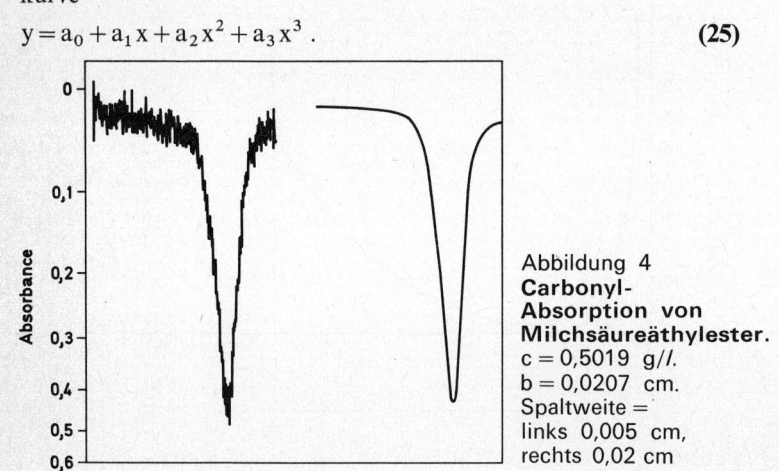

$$y = a_0 + a_1 x + a_2 x^2 + a_3 x^3 . \tag{25}$$

Abbildung 4
Carbonyl-Absorption von Milchsäureäthylester.
c = 0,5019 g/*l*.
b = 0,0207 cm.
Spaltweite =
links 0,005 cm,
rechts 0,02 cm

6. Absorbance

Tabelle 6 **Güte der Anpassungskurve im Bereich des Absorptionsmaximums bei** 1734,25 cm^{-1} (Spalt 0,02 cm)

Wellenzahl cm^{-1}	I beobachtet	I berechnet	Differenz
1735,5	1345	1343	1,9
1735,0	1331	1334	−2,6
1734,5	1326	1327	−0,6
1734,0	1323	1323	0,3
1733,5	1324	1323	1,3
1733,0	1328	1328	0,5
1732,5	1337	1338	−0,8

Tabelle 7 **Einfluß der Spaltweite auf die Fehler bei der Bestimmung der Absorbance.**
Es werden jeweils die Vertrauensbereiche (mit P = 0,95) angegeben. Die Messungen wurden an der Carbonylbande von **Milchsäureäthylester** ausgeführt. c = 5,019 g/l; b = 0,0207 cm. Lösungsmittel: Tetrachlormethan

Spalt cm	I_0	f_{I_0}	I	f_I	A	f_A	Absorptionsmaximum cm^{-1}
0,005	33,13	0,25	13,40	0,89	0,392945	0,029270	1735,9
	32,95	0,25	12,11	0,91	0,434557	0,033115	1731,4
	33,00	0,30	12,60	1,00	0,418165	0,034984	1737,5
	32,96	0,20	13,26	1,21	0,395562	0,039728	1735,5
Mittel	33,01	0,25	12,84	1,00	0,410307	0,034274	
0,010	34,90	0,05	13,60	0,07	0,409255	0,002431	1736,6
	33,86	0,02	13,14	0,06	0,411062	0,002190	1734,7
	33,90	0,03	13,31	0,09	0,405837	0,002973	1735,2
	33,98	0,03	13,34	0,09	0,406024	0,003041	1734,5
Mittel	34,17	0,03	13,35	0,08	0,408044	0,002659	
0,020	33,96	0,02	13,22	0,04	0,409763	0,001409	1734,2
	33,87	0,02	13,24	0,04	0,407751	0,001491	1734,8
	33,92	0,01	13,30	0,03	0,406411	0,001207	1735,0
	33,38	0,02	13,26	0,02	0,407243	0,000816	1734,6
Mittel	33,91	0,02	13,26	0,03	0,407792	0,001230	
0,040	34,01	0,01	13,71	0,01	0,394546	0,000381	1734,7
	33,39	0,01	13,69	0,05	0,394711	0,001791	1734,8
	33,92	0,01	13,71	0,03	0,393475	0,001055	1734,7
	34,89	0,02	14,11	0,04	0,393124	0,001282	1734,8
Mittel	34,20	0,01	13,81	0,03	0,393964	0,001127	

Unser gesuchtes I_0 ist dann der y-Wert im Minimum der Ausgleichskurve und der mittlere Fehler von I_0 ist identisch mit dem mittleren Fehler von y. Mit Gl. **18** (S. 10) können wir dann den mittleren Fehler von A ausrechnen. Zunächst wählen wir die Geräteparameter, wie es für Übersichtsspektren üblich ist. Wir stellen fest, daß die Spaltgröße im Registrierbereich 0,01 cm ist. Wir registrieren dann mehrfach die gleiche Lösung in der gleichen Küvette, wobei wir den Spalt festsetzen auf 0,005, 0,01, 0,02 und 0,04 cm. Abbildung 3 zeigt eine Registrierkurve mit einem Spalt von 0,005 cm und 0,02 cm, Tabelle 6 (S. 13) die Güte der Anpassungskurve. Die Ergebnisse der Messung sind in Tabelle 7 (S. 13) wiedergegeben.

Das wichtigste Ergebnis unseres Experiments für die quantitative IR-Spektrophotometrie heißt:

Der Spalt ist so weit wie möglich zu öffnen, ein Ergebnis, das auch aus Gl. **24** (S. 11) zu entnehmen ist. Denn I_0 wächst mit dem Quadrat der Spaltbreite.

7. Absorptivity

Nachdem wir die Fehler der Parameter des Beerschen Gesetzes kennengelernt haben, können wir nun nach Gl. **3** (S. 5) den Fehler in der Bestimmung der Absorptivity angeben. Für die Carbonylabsorption von Milchsäure-äthylester findet man z. B. unter Verwendung der folgenden Größen

$V = 0,01$ l $f_V = 0,00001$
$E = 0,05019$ g $f_E = 0,000033$
$b = 0,0207$ cm $f_b = 0,000015$
$A = 0,393964$ $f_A = 0,001127$

$f_A^2 = 1{,}176719 \cdot 10^{-4} + 1{,}437931 \cdot 10^{-5} + 7{,}550571 \cdot 10^{-6} + 6{,}216293 \cdot 10^{-6}$
$f_A = 1{,}207552 \cdot 10^{-2}$

und damit

$a = 3{,}79 \pm 0{,}01.$

> Der größte Fehlerbeitrag rührt von der Bestimmung der Absorbance her. Diesem Punkt ist bei der Durchführung einer Analyse besondere Aufmerksamkeit zu widmen.

III. Auswahl einer Meßbande

Zur Auswahl einer Analysenbande registriert man die Spektren aller Komponenten der Substanzmatrix als KBr-Preßling oder kapillar. Dann sucht man nach einer Bande, die nur im Spektrum der zu bestimmenden Substanz vorkommt. Ist eine solche *Bande* gefunden, wird geprüft, welche Lösungsmittel im entsprechenden Spektralbereich durchlässig sind. Mit diesen Lösungsmitteln macht man Lösungsversuche mit den verschiedenen Komponenten und wählt schließlich das geeignete Lösungsmittel aus. Hierbei kann es, verglichen mit der Routine-Infrarot-Spektroskopie, zur Auswahl recht exotischer Lösungsmittel (z. B. Acetonitril, Pyridin, Mischungen verschiedener Lösungsmittel) kommen.

Wenn die spektroskopische Selektivität nicht ausreicht, um eine ungestörte Bande zu finden, kann man versuchen, ein Lösungsmittel aufzufinden, in dem die Störkomponenten praktisch unlöslich sind.

Hat man eine Bande ausgewählt, so sind die *besten* Analysenbedingungen festzulegen. Zu diesem Zweck stellt man verschiedene Lösungen der beteiligten Komponenten her, wobei man die Mengenanteile der einzelnen Komponenten entsprechend der erwarteten Zusammensetzung der Proben variiert. Aus den Spektren der verschiedenen Mischungen werden die Absorptivities der verschiedenen Komponenten berechnet. Unter Anwendung des Beerschen Gesetzes ergibt sich folgendes lineare Gleichungssystem:

$$\begin{vmatrix} c_{1,1} & c_{2,1} & \cdots & c_{n,1} \\ \cdot & \cdot & & \cdot \\ \cdot & \cdot & & \cdot \\ \cdot & \cdot & & \cdot \\ \cdot & \cdot & & \cdot \\ \cdot & \cdot & & \cdot \\ \cdot & \cdot & & \cdot \\ c_{1,m} & c_{2,m} & \cdots & c_{n,m} \end{vmatrix} \begin{vmatrix} a_1 \\ \\ a_2 \\ \\ \cdot \\ \cdot \\ a_n \end{vmatrix} = \begin{vmatrix} \dfrac{A_1}{b} \\ \\ \dfrac{A_2}{b} \\ \\ \cdot \\ \dfrac{A_m}{b} \end{vmatrix}$$

(m = Anzahl der Mischungen, n = Anzahl der Komponenten)

Die Auflösung des linearen Gleichungssystems nach den Absorptivities erfolgt nach dem Gauß'schen Algorithmus.

III. Auswahl einer Meßbande

Die *Standardabweichungen* der Absorptivities ergeben sich folgendermaßen. Die Standardabweichung der Beobachtungen $l_i \equiv A/b$ ist

$$s_1 = \sqrt{\frac{vv}{m-n}} \qquad (25)$$

$$vv = ll - (al \cdot x_1 + bl \cdot x_2 + cl \cdot x_3 + \ldots) \qquad (26)$$

Es ist

$$ll = \sum_1^m \left(\frac{A}{b}\right)_i^2$$

$$al = \sum_1^m c_{1i} \cdot \left(\frac{A}{b}\right)_i$$

$$bl = \sum_1^m c_{2i} \left(\frac{A}{b}\right)_i$$

$$cl = \sum_1^m c_{3i} \left(\frac{A}{b}\right)_i$$

etc.

und schließlich die Standardabweichungen der Absorptivities

$$s_{a1} = s_1 \sqrt{\alpha\alpha}$$

$$s_{a2} = s_1 \sqrt{\beta\beta}$$

$$s_{a3} = s_1 \sqrt{\gamma\gamma}$$

etc.

Hierbei sind $\alpha\alpha$, $\beta\beta$, $\gamma\gamma$, ... die Diagonalelemente der Kehrmatrix, die aus der Konzentrationsmatrix durch Umformung nach der Methode der kleinsten Fehlerquadrate erhalten werden. Für eine 2×2-Matrix sind die Diagonalelemente auf Seite 60 wiedergegeben. Größere Matrizengleichungen wird man wohl nur mit einem Computer lösen, dann allerdings kann man auch die vollständige Kehrmatrix (z.B. nach dem Gauß-Jakobi-Verfahren) bilden.

Bieten sich mehrere Banden zur Lösung des Analysenproblems an oder eine unterschiedliche Festlegung der Basislinie, so kann man die optimale Auswahl der Analysenbande durch Bestimmung der *Selektivität* treffen.

Nach allgemeinem Brauch heißt ein Analysenverfahren dann selektiv, wenn es praktisch nur auf eine Komponente (i) empfindlich anspricht, auch wenn die Analysenprobe mehrere Komponenten enthält. Für eine Bande und bei vorgegebener Grundlinienziehung

III. Auswahl einer Meßbande

erhält man für ein Dreistoffgemisch die Absorptivities a_1, a_2 und a_3. Nach H. KAISER ergibt sich als Selektivität, wenn a_1 die Absorptivity der zu bestimmenden Komponente ist

$$\Xi = \frac{|a_1|}{|a_2| + |a_3|} - 1$$

oder allgemein, wenn i der Index der zu bestimmenden Komponente ist

$$\Xi = \frac{|a_i|}{\sum_1^n |a_k| - |a_i|} - 1$$

Bei hoher Selektivität wird Ξ sehr groß, bei Werten, die nur wenig über Null liegen kann man praktisch nicht mehr von Selektivität sprechen.

Beispiel 1.
Zur IR-spektrophotometrischen Bestimmung von I soll eine geeignete Bande gesucht werden. Als Nebenprodukte kommen II bis IV vor, möglicherweise auch V.

I 90—100 %

II bis 3 %

III bis 5 %

IV bis 1 %

V unwahrscheinlich

Nach Vergleich der Einzelspektren wird die Bande bei 1243 cm^{-1} ausgewählt. Als Basislinie wird die Verbindung der Minima bei 1270 und 1215 cm^{-1} gewählt (Auswertung 1) bzw. eine Parallele zur Abszisse durch das Minimum bei 1295 cm^{-1} (Auswertung 2).

III. Auswahl einer Meßbande

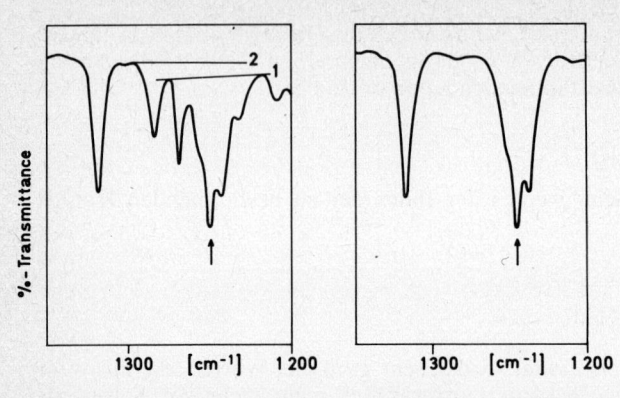

Abbildung 5 Zur Auswahl der Meßbande und Grundlinienziehung. Links: Spektrum von Mischung 4. Rechts: Spektrum einer Probe. Schichttiefe: 0,0207 cm, Lösungsmittel: CS_2

Zur Bestimmung der gegenseitigen Beeinflussung werden 9 verschiedene Mischungen zusammengewogen und in Schwefelkohlenstoff gelöst. Die Spektren werden von 1350—1200 cm^{-1} registriert und entsprechend der Grundlinienziehung (1 oder 2) wird A_1/b bzw. A_2/b bestimmt. Im einzelnen erhalten wir folgende Daten:

Mischung	c_I	c_{II}	c_{III}	c_{IV}	c_V	A_1/b	A_2/b
1	26,319	1,680	0	0	0	20,088	20,199
2	27,942	0	6,582	0	0	20,622	20,824
3	24,854	0,802	0	1,252	2,730	20,033	20,580
4	23,162	0	0,664	2,673	0	16,542	17,355
5	23,324	3,673	2,760	4,987	1,517	16,928	18,319
6	21,313	0	6,584	0	1,240	16,273	16,349
7	24,153	4,620	0	1,986	0,392	17,607	18,283
8	24,659	0	0	2,139	0	17,839	18,507
9	21,626	1,149	2,713	0	1,837	17,280	17,356

Mit einem geeigneten Computerprogramm werden folgende Werte für die Absorptivities und ihre Standardabweichungen mit 4 Freiheitsgraden erhalten:

	Auswertung 1		Auswertung 2	
	Absorptivity	Standardabweichung	Absorptivity	Standardabweichung
I	0,75424	0,005	0,76008	0,005
II	−0,00464	0,047	−0,00620	0,045
III	−0,07293	0,027	−0,07681	0,026
IV	−0,31135	0,047	−0,05611	0,045
V	0,62557	0,067	0,63527	0,064

III. Auswahl einer Meßbande 19

In beiden Auswerteverfahren stört Verbindung V. Es ist also sicherzustellen, daß Verbindung V nicht auftritt. Andernfalls muß sie durch eine weitere Messung bestimmt werden. Ohne Berücksichtigung von Verbindung V erhält man als Zahlenwert für die Selektivität bei Auswertung 1: 0,94 und bei der Auswertung 2: 4,46. Zur Gehaltsbestimmung von I wählen wir daher die Grundlinienziehung 2.

Beispiel 2.
Es soll Milchsäure-äthylester (I) in 2-Methoxy-äthanol (II) bestimmt werden.

$H_3C-CH-C\underset{OC_2H_5}{\overset{O}{\diagup}}$ I $HO-CH_2-CH_2-OCH_3$ II
$\quad\;\;|$
$\quad\;OH$

Die Spektren von I und II sind in Abbildung 6 wiedergegeben.

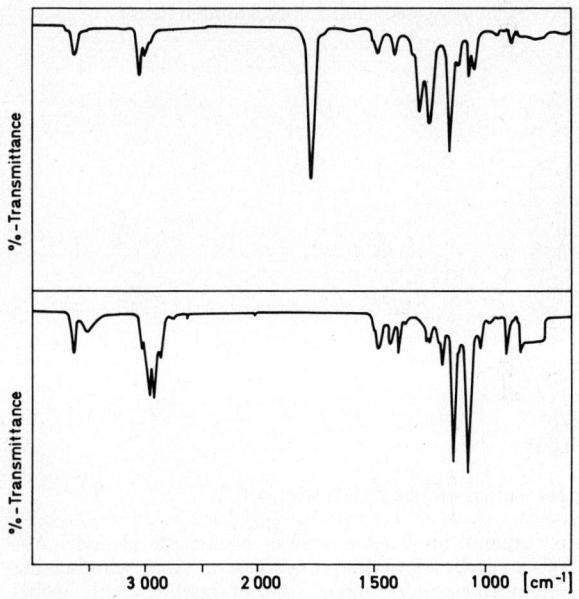

Abbildung 6 Spektrum von 2-Methoxyäthanol 10,912 g/l (unten) und Milchsäure-äthylester 8,719 g/l (oben). Schichttiefe: 0,0105 cm, Lösungsmittel: CCl_4

Aufgrund der Spektren wählen wir die Carbonylabsorption zur Bestimmung von I aus. II zeigt keinerlei Absorption im fraglichen Spektralbereich. Trotzdem stellen wir verschiedene Mischungen von I und II her und bestimmen die Absorbance jeder Mischung. Wir erhalten folgende Daten:

III. Auswahl einer Meßbande

Mischung	C_I	C_{II}	A/b
1	8,4092	138,8627	25,396
2	8,7834	145,0404	26,543
3	9,0795	47,4555	30,995
4	9,1520	47,8340	31,288

b = 0,0105 cm

Durch Umwandlung nach der Methode der kleinsten Fehlerquadrate erhalten wir folgende Matrizengleichung:

$$\begin{vmatrix} 3,140589 \cdot 10^2 & 3,310321 \cdot 10^3 \\ 3,310321 \cdot 10^3 & 4,485973 \cdot 10^4 \end{vmatrix} \begin{vmatrix} a_1 \\ a_2 \end{vmatrix} = \begin{vmatrix} 1,014466 \cdot 10^3 \\ 1,034394 \cdot 10^4 \end{vmatrix}$$

ll = 3,289125 · 10³

Die Auflösung des Gleichungssystems mit 2 Unbekannten liefert

$a_1 = 3,599$
$a_2 = -0,0350$

Ferner folgt

$vv = 1,5343 \cdot 10^{-3}$
$s_1 = 2,7697 \cdot 10^{-2}$
$\alpha\alpha = 1,433047 \cdot 10^{-2}$
$\beta\beta = 1,003264 \cdot 10^{-4}$
$s_{a1} = 3,3 \cdot 10^{-3}$
$s_{a2} = 2,8 \cdot 10^{-4}$
$F = 2$

Damit ist unser Endergebnis

$a_1 = 3,599 \pm 0,03$
$a_2 = -0,0350 \pm 0,003$

Für die Selektivität erhalten wir den Zahlenwert = 102.

Obwohl 2-Methoxy-äthanol im Bereich unserer Meßbande keinerlei Absorption zeigt, trägt es zur Gesamt-Absorbance unserer Analysenmischung bei. Seine Absorptivity ist negativ. Durch Assoziationseffekte tritt, insbesondere bei hohen Gehalten, eine Bandenverbreiterung ein (Abbildung 7).

III. Auswahl einer Meßbande

Abbildung 7 Einfluß von 2-Methoxy-äthanol auf die Form der Carbonylbande von Milchsäure-äthylester. Schichttiefe: 0,0105 cm, Lösungsmittel: CCl_4: ——— 8,719 g// Milchsäure-äthylester; – – – – – – 8,675 g// Milchsäure-äthylester + 143,258 g// 2-Methoxy-äthanol

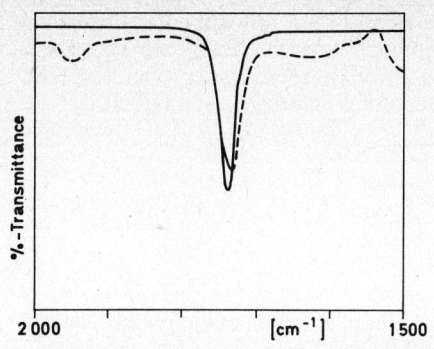

Dieser Effekt muß unbedingt bei der Bestimmung kleiner Gehaltswerte von I in II berücksichtigt werden.

Trotz eines großen Zahlenwertes für die Selektivität muß bei hohem Anteil (z. B. 80 %) einer Störkomponente mit beträchtlichen Fehlern gerechnet werden. Hingegen tritt selbst bei geringer Selektivität (Ξ nur wenig größer als 1) nur ein geringfügiger Analysenfehler auf, wenn die Störkomponente nur zu wenigen Prozenten vorliegt.

Leider stehen nicht immer alle Komponenten einer Substanzmatrix in ausreichender Reinheit zur Verfügung, um die Absorptivities der einzelnen Komponenten an den infrage kommenden Banden zu bestimmen. Insbesondere bei der ersten analytischen Bearbeitung sind oftmals nicht einmal alle Substanzen bekannt. Vielfach können dann jedoch durch *Kombination* von Trennmethoden und IR-Spektrophotometrie Referenzspektren erhalten werden, an denen man ablesen kann, ob die Verunreinigungen an den zur Analyse vorgesehenen Banden absorbieren. Zur Aufnahme von Spektren ausreichender Qualität genügen bei Verwendung von Mikroküvetten oder Mikropreßlingen in Verbindung mit einem Mikroilluminator Substanzmengen um 50 µg. Nach gaschromatographischer Trennung lassen sich die einzelnen Fraktionen direkt in kleine AgCl-Küvetten kondensieren. Eine Methode zur Aufnahme von IR-Spektren gaschromatographisch isolierter Substanzen im Bereich von 1—10 µg, die mit KBr-Preßlingen arbeitet, beschreiben A. S. CURRY et al. Bei der Trennung der Komponenten durch Dünnschichtchromatographie können die Substanzen in kleinen Mengen KBr konzentriert werden, woraus man Mikropreßlinge (∅ z. B. 1,5 oder 0,5 mm) formt. Zur Anreicherung der Substanz verwendet man

III. Auswahl einer Meßbande

Glasröhrchen (Abbildung 8), die mit KBr, ähnlich einer Chromatographiesäule, gefüllt sind. Solche Röhrchen haben eine ausgezeichnete Saugleistung. Die Substanzen werden in der obersten KBr-Schicht abgeschieden. Arbeiten unter Schutzgas ist möglich.

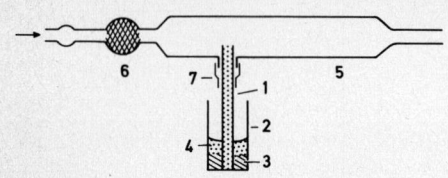

Abbildung 8 Anreicherung dünnschichtchromatographisch isolierter Substanzen in kleinen Mengen KBr
1 Glasröhrchen,
  ⌀ 2–3 mm, Länge 50 mm
2 Probenglas
3 Trägermaterial aus der Dünnschicht
4 Lösungsmittel
5 Rohr für Arbeiten unter Schutzgas
6 Glaswollefilter
7 Gummimanschette

IV. Bestimmung von Mengenverhältnissen

Die spektrophotometrische Bestimmung eines Mischungsverhältnisses ist mit geringem Zeitaufwand möglich. Die Eichkurven sind von Gerät zu Gerät verschieden, jedoch für ein gegebenes Gerät über lange Zeiträume konstant. Zur Probenmessung werden keine exakten Einwaagen und Volumeneinstellungen benötigt.
Es wird eine eingehende Diskussion der Verfahrensparameter und ihrer Fehler gegeben. Kriterien zur Auswahl der Absorptionsbanden, bei denen die Standardabweichung des Verfahrens ein Minimum wird, werden diskutiert.

1. Bestimmung von Mengenverhältnissen

Zur Bestimmung des Mengenverhältnisses zweier Substanzen kann mit einer *Eichkurve* gearbeitet werden. Hierbei trägt man das Mengenverhältnis in den gewünschten Maßeinheiten (Gewicht, Mol) gegen das Verhältnis der Absorbance zweier Meßbanden auf. Häufig kann die Eichfunktion durch eine Gerade wiedergegeben werden.

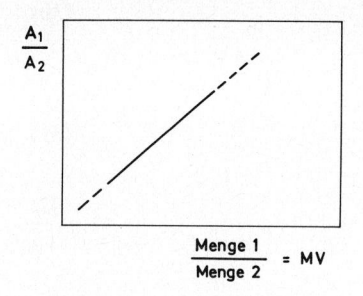

Abbildung 9 Analysenfunktion zur Bestimmung eines Mengenverhältnisses aus dem Verhältnis der Absorbance zweier Meßbanden

Wir wollen daher zunächst einmal den *Einfluß* der *einzelnen* Größen der Geradengleichung auf das Endergebnis betrachten, um den optimalen Bereich der Eichung festzulegen. Entsprechend Abb. 9 wird zur Eichung das Mengenverhältnis x gegen das Verhältnis der Absorbance y aufgetragen. Für n Eichmessungen erhalten wir folgende n-Gleichungen:

IV. Bestimmung von Mengenverhältnissen

$$y_1 = a + bx_1 \tag{27}$$
$$y_2 = a + bx_2$$
$$\vdots$$
$$y_n = a + bx_n$$

Beim Aufzeichnen einer Eichgeraden nimmt man üblicherweise an, daß die Meßwerte y_i fehlerbehaftete Größen sind, während die Mengenverhältnisse x_i fehlerfrei sind. Zur Aufstellung der Eichfunktion

$$y = a + bx \tag{28}$$

müssen wir aus den n-Gleichungen die Parameter a u. b berechnen. Da y Meßfehler enthält, werden auch a u. b fehlerbehaftete Größen sein. Setzt man für ein gegebenes Wertepaar a u. b die x-Werte in Gl. **28** ein, so werden die berechneten Y-Werte von den gemessenen y-Werten abweichen. Wir wollen a u. b so bestimmen, daß die Summe der Quadrate $(Y_i - y_i)^2$ ein Minimum wird. Das heißt: Für a u. b sind die Werte zu suchen, für die der Ausdruck

$$Q = \sum_1^n (a + bx_i - y_i)^2 \tag{29}$$

ein Minimum wird. Die erste Ableitung nach a bzw. b muß also 0 sein.

$$\frac{\partial Q}{\partial a} = 0; \quad \frac{\partial Q}{\partial b} = 0; \tag{30}$$

Es ist

$$\frac{\partial Q}{\partial a} = 2 \sum_1^n (a + bx_i - y_i) \tag{31}$$

$$\frac{\partial Q}{\partial b} = 2 \sum_1^n (a + bx_i - y_i) x_i \tag{32}$$

oder

$$\sum_1^n (a + bx_i - y_i) = 0 \tag{33}$$

$$\sum_1^n (a + bx_i - y_i) x_i = 0 \tag{34}$$

Durch bilden der Teilsummen erhalten wir

$$n \cdot a + b \sum_1^n x_i = \sum_1^n y_i \tag{35}$$

1. Bestimmung von Mengenverhältnissen

$$a \sum_1^n x_i + b \sum_1^n x_i^2 = \sum_1^n x_i y_i \tag{36}$$

Aus Gl. **35** folgt

$$a = \frac{\sum_1^n y_i - b \cdot \sum_1^n x_i}{n} \tag{37}$$

Setzt man diesen Wert in Gl. **36** ein, so folgt

$$\frac{\sum_1^n y_i - b \cdot \sum_1^n x_i}{n} \cdot \sum_1^n x_i + b \sum_1^n x_i^2 = \sum_1^n x_i y_i \tag{38}$$

Die Auflösung nach b liefert

$$b = \frac{n \sum_1^n x_i y_i - \sum_1^n y_i \sum_1^n x_i}{n \cdot \sum_1^n x_i^2 - \left(\sum_1^n x_i\right)^2} \tag{39}$$

Setzt man diesen Wert für b in Gl. **35** (S. 24) ein, so erhält man

$$a = \frac{\sum_1^n x_i^2 \sum_1^n y_i - \sum_1^n x_i \sum_1^n x_i y_i}{n \sum_1^n x_i^2 - \left(\sum_1^n x_i\right)^2} \tag{40}$$

Die nach dem Verfahren der kleinsten Fehlerquadrate gefundenen Werte a und b genügen am besten unseren n-Eichmessungen, vorausgesetzt $y_1 - y_n$ sind unabhängig und normal verteilt.

Die *Varianz* von y kann bestimmt werden, indem man in die Gl. **27** (S. 24) die Werte für a, b und x einsetzt und jeweils die Differenz v zum gemessenen y-Wert bestimmt.

$$v_i = a + bx_i - y_i \tag{41}$$

Die Varianz s_0^2 ist dann

$$s_0^2 = \frac{\sum_1^n v_i^2}{n-2} \tag{42}$$

Die Quadratsumme bestimmt man zweckmäßigerweise aus folgendem Ausdruck

$$(n-2) s_0^2 = \sum_1^n y_i^2 - a \sum_1^n y_i - b \sum_1^n x_i y_i \tag{43}$$

IV. Bestimmung von Mengenverhältnissen

zumal die Summen y_i und $x_i y_i$ bereits zur Berechnung von a und b benötigt wurden.

Um zu Gl. **43** zu gelangen, gehen wir von Gl. **41** aus, indem wir einmal mit v_i und einmal mit y_i multiplizieren. Wir erhalten:

$$v_i^2 = a v_i + b x_i v_i - y_i v_i \tag{44}$$

$$v_i y_i = a y_i + b x_i y_i - y_i^2 \tag{45}$$

Summieren wir die beiden Gleichungssysteme von $1-n$, so erhalten wir

$$\sum_1^n v_i^2 = a \sum_1^n v_i + b \sum_1^n x_i v_i - \sum_1^n y_i v_i \tag{46}$$

$$\sum_1^n v_i y_i = a \sum_1^n y_i + b \sum_1^n x_i y_i - \sum_1^n y_i^2 \tag{47}$$

Aus Gl. **33** u. **34** (S. 24) folgt

$$\sum_1^n v_i = 0 \tag{48}$$

$$\sum_1^n v_i x_i = 0 \tag{49}$$

Diese Werte in Gl. **46** eingesetzt, ergibt

$$\sum_1^n v_i^2 = - \sum_1^n y_i v_i \tag{50}$$

Nun setzt man diesen Wert in Gl. **47** ein und erhält

$$\sum_1^n v_i^2 = -a \sum_1^n y_i - b \sum_1^n x_i y_i + \sum_n^n y_i^2 \tag{51}$$

was identisch ist mit Gl. **43** (S. 25).

Um den *Fehler in x* zu bestimmen, müssen wir noch die Fehler in a und b ermitteln. Nach dem Fehlerfortpflanzungsgesetz kann man den Fehler einer Größe nur dann berechnen, wenn er als lineare (oder linearisierte) Funktion der fehlerbehafteten Größen gegeben ist, von denen er abhängt. Deshalb müssen wir a und b als lineare Funktion der stochastischen Veränderlichen y_i darstellen.

Hierzu gehen wir von den Gl. **39** u. **40** (S. 25) aus. Wir setzen

$$\frac{\sum_1^n x_i^2}{n \sum_1^n x_i^2 - \left(\sum_1^n x_i \right)^2} = A \tag{52}$$

1. Bestimmung von Mengenverhältnissen

$$\frac{-\sum_1^n x_i}{n \sum_1^n x_i^2 - \left(\sum_1^n x_i\right)^2} = B \tag{53}$$

$$\frac{n}{n \sum_1^n x_i^2 - \left(\sum_1^n x_i\right)^2} = C \tag{54}$$

und erhalten

$$a = A \sum_1^n y_i + B \sum_1^n x_i y_i \tag{55}$$

$$b = B \sum_1^n y_i + C \sum_1^n x_i y_i \tag{56}$$

Schreibt man die Summen aus, so erhält man

$$a = A(y_1 + y_2 + \ldots + y_n) + B(x_1 y_1 + x_2 y_2 + \ldots + x_n y_n) \tag{57}$$
$$b = B(y_1 + y_2 + \ldots + y_n) + C(x_1 y_1 + x_2 y_2 + \ldots + x_n y_n) \tag{58}$$

Ausmultiplikation der Klammern und Zusammenfassen der Summanden gibt

$$a = (A + Bx_1)y_1 + (A + Bx_2)y_2 + \ldots + (A + Bx_n)y_n \tag{59}$$
$$b = (B + Cx_1)y_1 + (B + Cx_2)y_2 + \ldots + (B + Cx_n)y_n \tag{60}$$

Setzen wir
$$A + Bx_i = \alpha_i \tag{61}$$
und
$$B + Cx_i = \beta_i \tag{62}$$

so erhalten wir mit
$$a = \sum_1^n \alpha_i y_i \tag{63}$$
und
$$b = \sum_1^n \beta_i y_i \tag{64}$$

die gewünschte lineare Abhängigkeit der Koeffizienten a u. b von den fehlerbehafteten Meßwerten y_i. Mit der Varianz s_0^2 der y_i erhalten wir durch Anwendung des Fehlerfortpflanzungsgesetzes auf die Gl. **63** u. **64** die *Varianzen* s_a^2 *und* s_b^2.

$$s_a^2 = s_0^2 \alpha_1^2 + s_0^2 \alpha_2^2 + \ldots + s_0^2 \alpha_n^2 \tag{65}$$

IV. Bestimmung von Mengenverhältnissen

$$s_b^2 = s_0^2 \beta_1^2 + s_0^2 \beta_2^2 + \ldots + s_0^2 \beta_n^2 \tag{66}$$

oder nach Ausklammern von s_0^2

$$s_a^2 = s_0^2 \sum_1^n \alpha_i^2 \tag{67}$$

$$s_b^2 = s_0^2 \sum_1^n \beta_i^2 \tag{68}$$

Aus Gl. **61** (S. 27) folgt

$$\sum_1^n \alpha_i^2 = \sum_1^n (A + Bx_i)^2$$

$$= \sum_1^n (A^2 + 2ABx_i + B^2 x_i^2)$$

$$= nA^2 + 2AB \sum_1^n x_i + B^2 \sum_1^n x_i^2$$

Verknüpfen mit den Gl. **52** (S. 26) u. **53** (S. 27) gibt

$$\sum_1^n \alpha_i^2 = \frac{\sum_1^n x_i^2}{\left(n \sum_1^n x_i^2 - \left(\sum_1^n x_i\right)^2\right)^2} \cdot \left(n \sum_1^n x_i^2 - \left(\sum_1^n x_i\right)^2\right)$$

$$\sum_1^n \alpha_i^2 = \frac{\sum_1^n x_i^2}{n \sum_1^n x_i^2 - \left(\sum_1^n x_i\right)^2} \tag{69}$$

Entsprechend folgt aus Gl. **68** mit Gl. **62** (S. 27)

$$\sum_1^n \beta_i^2 = \sum_1^n (B + Cx_i)^2$$

$$= \sum_1^n (B^2 + 2BCx_i + C^2 x_i^2)$$

$$= nB^2 + 2BC \sum_1^n x_i + C^2 \sum_1^n x_i^2$$

$$= \frac{n \left(\sum_1^n x_i\right)^2}{\left(n \sum_1^n x_i^2 - \left(\sum_1^n x_i\right)^2\right)^2} - 2 \frac{n \left(\sum_1^n x_i\right)^2}{\left(n \sum_1^n x_i^2 - \left(\sum_1^n x_i\right)^2\right)^2}$$

1. Bestimmung von Mengenverhältnissen

$$+ \frac{n^2 \sum_{1}^{n} x_i^2}{\left(n \sum_{1}^{n} x_i^2 - \left(\sum_{1}^{n} x_i\right)^2\right)^2}$$

$$\sum_{1}^{n} \beta_i^2 = \frac{n}{n \sum_{1}^{n} x_i^2 - \left(\sum_{1}^{n} x_i\right)^2} \tag{70}$$

Einsetzen von Gl. **69** in **67** und von **70** in **68** liefert

$$s_a^2 = \frac{s_0^2 \sum_{1}^{n} x_i^2}{n \sum_{1}^{n} x_i^2 - \left(\sum_{1}^{n} x_i\right)^2} \tag{71}$$

und

$$s_b^2 = \frac{s_0^2 \cdot n}{n \sum_{1}^{n} x_i^2 - \left(\sum_{1}^{n} x_i\right)^2} \tag{72}$$

Wir kennen nun die Varianzen von y, a und b. Zur Bestimmung der *Varianz* in unserem *Mengenverhältnis x* formen wir die Geradengleichung $y = a + bx$ um. Aus Gl. **37** (S. 25) folgt für a, mit

$$\frac{\sum_{1}^{n} y_i}{n} = \bar{y} \text{ und } \frac{\sum_{1}^{n} x_i}{n} = \bar{x}$$

$$a = \bar{y} - b\bar{x} \tag{73}$$

$$y = \bar{y} - b\bar{x} + bx \tag{74}$$

oder

$$x = \frac{y - \bar{y}}{b} + \bar{x} \tag{75}$$

Das Fehlerfortpflanzungsgesetz liefert

$$s_x^2 = s_{(y-\bar{y})}^2 \cdot \frac{1}{b^2} + s_b^2 \frac{(y-\bar{y})^2}{b^4} \tag{76}$$

s_b^2 ist in Gl. **72** gegeben.

Für $s_{(y-\bar{y})}^2$ gilt

$$s_{(y-\bar{y})}^2 = s_y^2 + s_{\bar{y}}^2$$

IV. Bestimmung von Mengenverhältnissen

wobei

$$s_y^2 = s_o^2$$

und mit

$$\bar{y} = \frac{\sum_{1}^{n} y_i}{n}$$

$$s_{\bar{y}}^2 = \frac{n \cdot s_o^2}{n^2}$$

somit erhalten wir

$$s_{(y-\bar{y})}^2 = \left(1 + \frac{1}{n}\right) s_o^2 \tag{77}$$

$$s_{\bar{x}}^2 = \frac{s_o^2}{b^2}\left(1 + \frac{1}{n}\right) + \frac{s_o^2 \cdot n}{n \sum_{1}^{n} x_i^2 - \left(\sum_{1}^{n} x_i\right)^2} \cdot \frac{(y-\bar{y})^2}{b^4}$$

Mithin gilt für die Varianz unseres Mengenverhältnisses x

$$s_x^2 = \frac{s_o^2}{b^2}\left(1 + \frac{1}{n} + \frac{n(y-\bar{y})^2}{b^2\left(n \sum_{1}^{n} x_i^2 - \left(\sum_{1}^{n} x_i\right)^2\right)}\right) \tag{78}$$

aus

$$n \sum_{1}^{n} x_i^2 - \left(\sum_{1}^{n} x_i\right)^2 \tag{79}$$

folgt mit $\sum_{1}^{n} x_i = \bar{x} \cdot n$

$$n \sum_{1}^{n} x_i^2 - \left(\sum_{1}^{n} x_i\right)^2 = n \left(\sum_{1}^{n} x_i^2 - n\bar{x}^2\right) \tag{80}$$

Somit ist die *Standardabweichung* unseres Mengenverhältnisses x

$$s_x = \frac{s_o}{b} \sqrt{1 + \frac{1}{n} + \frac{(y-\bar{y})^2}{b^2\left(\sum_{1}^{n} x_i^2 - n\bar{x}^2\right)}} \tag{81}$$

mit $F = n - 2$ Freiheitsgraden.

1. Bestimmung von Mengenverhältnissen

Damit ist der *Vertrauensbereich* unseres Analysenergebnisses

$\pm t(P, F) s_x$

wobei der Wert der t-Verteilung mit der ausgewählten Wahrscheinlichkeit P und der Zahl der Freiheitsgrade F ist.
Analysiert man Gl. 81, so findet man:
Die *Standardabweichung* ist *abhängig* von
1 der *Geradenneigung*
2 der *Streuung* der Meßwerte (y)
3 der *Anzahl* der Standardproben, die zur Eichung verwandt wurden
4 der *Verteilung* der Standardproben um den mittleren x-Wert ($\bar{x}$)
5 der *Streuung* der Meßwerte der Analysenprobe um den mittleren Meßwert ($\bar{y}$) der Eichproben

Die Standardabweichung wird ein Minimum für $y = \bar{y}$. In diesem Fall wird unser Analysenergebnis

$$x \pm t(P, F) \cdot \frac{s_0}{b} \sqrt{1 + \frac{1}{n}} \tag{82}$$

Eine weitere *Verkleinerung* des Vertrauensbereiches ergibt sich, wenn die Probenmessung m mal wiederholt wird. In diesem Fall wird die Varianz von y in Gl. 70 (S. 29)

$$s_y^2 = \frac{s_{y1}^2}{m^2} + \frac{s_{y2}^2}{m^2} + \ldots + \frac{s_{ym}^2}{m^2}$$

und mit

$s_{yi}^2 = s_o^2$

$$s_y^2 = \frac{s_o^2}{m} \tag{83}$$

Setzt man diesen Wert in Gl. 77 (S. 30) ein, so folgt

$$s_{(y-\bar{y})}^2 = \left(\frac{1}{m} + \frac{1}{n}\right) \cdot s_0^2 \tag{84}$$

Anstelle von Gl. 82 erhalten wir

$$x \pm t(P, F) \cdot \frac{s_0}{b} \sqrt{\frac{1}{m} + \frac{1}{n}} \tag{85}$$

Für n = 3 bis 7 Eichwerte und m = 1 bis 5 Probenmessungen sind die Werte für

$$t(0,95, F) \cdot \sqrt{\frac{1}{m} + \frac{1}{n}} \tag{86}$$

in Tabelle 8 angegeben.

IV. Bestimmung von Mengenverhältnissen

Tabelle 8

	$t(P, F) \cdot \sqrt{\frac{1}{m} + \frac{1}{n}}$		
m	n = 3 t (0,95,1) = 12,71	n = 5 t (0,95,3) = 3,18	n = 7 t (0,95,5) = 2,57
1	14,68	3,48	2,75
2	11,60	2,66	2,06
3	10,38	2,32	1,77
4	9,71	2,13	1,61
5	9,28	2,01	1,50

Außerdem ist das Ergebnis in Abbildung 10 graphisch dargestellt.

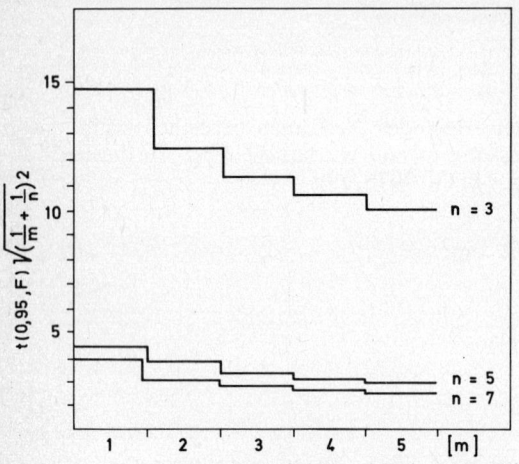

Abbildung 10 **Graphische Darstellung von Gl. 86**

Man kann an der Graphik ablesen, daß eine Verbesserung des Endergebnisses für mehr als 7 Eichmessungen und mehr als 3 Probenmessungen außerordentlich gering wird.

Um uns eine Vorstellung der möglichen x-Werte für verschiedene y-Werte zu machen, wollen wir die Vertrauensbereiche in folgender Form darstellen:

$$y = a + b(x \pm t(P, F)) \cdot \frac{s_0}{b} \sqrt{\frac{1}{m} + \frac{1}{n} + \frac{(y - \bar{y})^2}{b^2 \left(\sum_1^n x_i^2 - n\bar{x}^2 \right)}} \qquad (87)$$

Nachfolgend seien zwei Beispiele aus der Praxis gegeben.

1. Bestimmung von Mengenverhältnissen

① Bestimmung des Mischungsverhältnisses von Binotal-Na und Stapenor-Na in Totocillin®-p.i.

Binotal-Na

Stapenor-Na

Zur Bestimmung wird Totocillin® in Tetrachlormethan/2-Methoxy-äthanol 4:1 v/v gelöst. Das Mischungsverhältnis MV ist proportional dem Verhältnis der Absorbance bei 1670 und 1605 cm^{-1}.

Zur Eichung werden Mischungsverhältnisse im Bereich 1,2 bis 1,7 von Binotal-Na und Stapenor-Na hergestellt und die Spektren im Bereich von 1900—1550 cm^{-1} registriert.

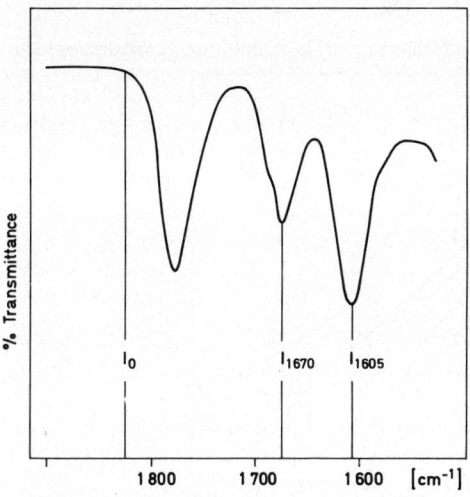

Abbildung 11 Spektrum von Totocillin®. Lösungsmittel: Tetrachlormethan/2-Methoxy-äthanol 4/1. Schichttiefe: 0,0208 cm. Konzentration: 9,885 g/l

I_o wird bei 1820 cm^{-1} bestimmt, I_{1670} im Durchlässigkeitsminimum bei 1670 cm^{-1} und I_{1605} entsprechend bei 1605 cm^{-1}.

IV. Bestimmung von Mengenverhältnissen

Aus den Meßwerten erhält man

$$A_{1670} = \log \frac{I_o}{I_{1670}} \qquad A_{1605} = \log \frac{I_o}{I_{1605}} \qquad y = \frac{A_{1670}}{A_{1605}}$$

Für unsere Eichmischungen erhalten wir folgende Wertetabelle

$\frac{A_{1670}}{A_{1605}}$ ($\equiv y$)	MV ($\equiv x$)
0,542	1,244
0,533	1,370
0,538	1,409
0,530	1,461
0,534	1,504
0,521	1,564
0,525	1,661

Daraus folgt für die Parameter der Ausgleichsgeraden $y = a + b \cdot MV$

a	=	0,598162
b	=	$-0,045446$
n	=	7
$\bar{y}$	=	0,531857
s_o	=	0,004123
$n \sum_{1}^{n} MV_i^2 - \left(\sum_{1}^{n} MV_i\right)^2$	=	0,773528

Die Eichgerade ist mit ihren Fehlerkurven in Abbildung 12 wiedergegeben.

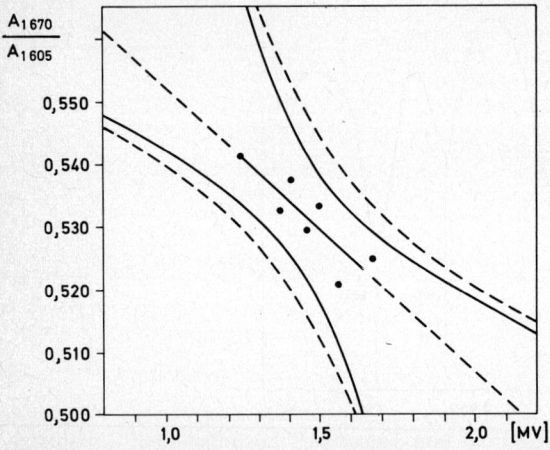

Abbildung 12 Eichgerade zur Bestimmung des Mischungsverhältnisses MV von Binotal-Na und Stapenor-Na in Totocillin®. Die gestrichelte Kurve stellt die Vertrauensbereiche mit $P = 0,95$ für eine Einzelmessung dar und die ausgezogene Kurve für eine Dreifach-Bestimmung

1. Bestimmung von Mengenverhältnissen

Die Ergebnisse einiger Probemessungen sind in nachfolgender Aufstellung wiedergegeben.

Probe	$\dfrac{A_{1670}}{A_{1605}}$	Einzelwert	Mittelwert	Vertrauensbereich $P = 0{,}95$ Normalverteilung $t\,(P, F) = 1{,}96$
1	0,524 0,527 0,535	1,63 1,57 1,39	1,53	0,16
2	0,533 0,522 0,527	1,43 1,68 1,57	1,56	0,17
3	0,522 0,528 0,528	1,68 1,54 1,54	1,59	0,18

② **Bestimmung des Mischungsverhältnisses von 2-Nitro- und 4-Nitro-phenol.**

Das Mischungsverhältnis von 2-Nitro- zu 4-Nitro-phenol (MV) ist proportional dem Verhältnis der Absorbance bei 870 und 845 cm^{-1}.

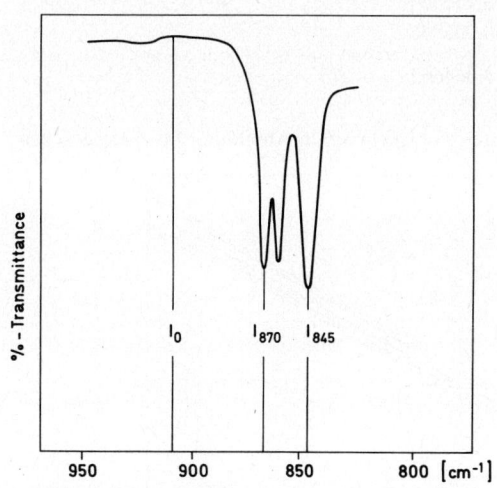

Abbildung 13 Mischung von 2- und 4-Nitro-phenol. Lösungsmittel: $CHCl_3$. c (2-Nitro-phenol): 16,109 g/l; c (4-Nitro-phenol): 11,581 g/l; b: 0,0201 cm

Zur Eichung werden 7 verschiedene Mischungen im Bereich 1,2—1,8 hergestellt und die Spektren von 950—800 cm^{-1} registriert. I_o wird bei 920 cm^{-1} bestimmt.

IV. Bestimmung von Mengenverhältnissen

Aus den Meßwerten erhält man

$$A_{870} = \log \frac{I_o}{I_{870}} \qquad A_{845} = \log \frac{I_o}{I_{845}} \qquad y = \frac{A_{870}}{A_{845}}$$

Das Ergebnis der Eichung ist in nachfolgender Wertetabelle gegeben.

$\frac{A_{870}}{A_{845}}$ ($\equiv y$)	MV ($\equiv x$)
0,793	1,202
0,852	1,301
0,895	1,391
0,957	1,484
1,012	1,599
1,056	1,707
1,127	1,819

Daraus folgt für die Parameter der Ausgleichsgeraden $y = a + b \cdot MV$

a $= 0,158884$
b $= 0,531259$
n $= 7$
$\bar{y}$ $= 0,956000$
s_o $= 0,006856$
$n \sum_{1}^{n} MV_i^2 - \left(\sum_{1}^{n} MV_i\right)^2 = 2,064662$

Die Eichgerade ist mit ihren Fehlerkurven in Abbildung 14 wiedergegeben.

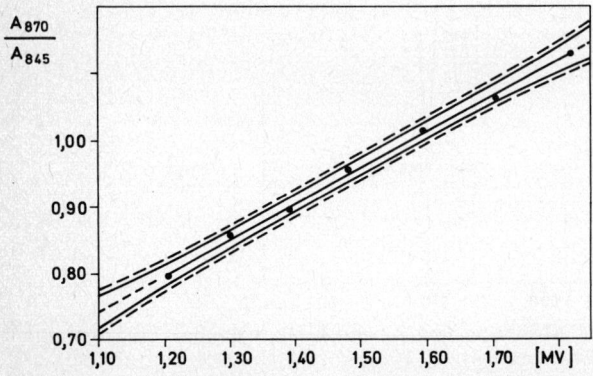

Abbildung 14 Eichgerade zur Bestimmung des Mischungsverhältnisses MV von 2- und 4-Nitro-phenol. Die gestrichelte Kurve stellt die Vertrauensbereiche mit P= 0,95 für eine Einzelmessung dar und die ausgezogene Kurve für eine Dreifach-Bestimmung

1. Bestimmung von Mengenverhältnissen

Probe	$\frac{A_{870}}{A_{845}}$	Einzelwert	Mittelwert	Vertrauensbereich P = 0,95 Normalverteilung t (P, F) = 1,96
1	0,933	1,46		
	0,935	1,46		
	0,936	1,46	1,46	0,02
2	0,969	1,52		
	0,976	1,54		
	0,969	1,52	1,53	0,02
3	0,957	1,50		
	0,957	1,50		
	0,961	1,51	1,50	0,02

Bei gleicher Varianz der Meßwerte (Verhältnis der Absorbance zweier Banden) ist in unserem Beispiel die Neigung der Eichgeraden beim Nitrophenol 10mal größer als beim Totocillin, was zur Folge hat, daß der Vertrauensbereich bei der Bestimmung des Nitrophenolverhältnisses etwa 0,02 beträgt und bei der Bestimmung des Verhältnisses von Binotal-Na zu Stapenor-Na 0,17. Im Falle der Penicillinbestimmung konnten keine Banden gefunden werden, die jeweils nur einem Penicillin zuzuordnen sind. Es wurden lediglich zwei Banden gefunden, deren Intensität für die betrachteten Penicilline unterschiedlich ist. Beim Nitrophenol hingegen ist die Bande bei 870 cm^{-1} dem 2-Nitro-phenol und die Bande bei 845 cm^{-1} dem 4-Nitrophenol zuzuordnen.

> Als *Auswahlkriterium* für die Meßbanden gilt: Die Absorbance beider Banden soll im Fehlerminimum der Absorbance (0,3—0,7) liegen. Im gegebenen Mischungsbereich sollte die Absorbance der einen Komponente um 0,7 und die der anderen um 0,3 liegen. In diesem Fall erhält man die größtmögliche Geradenneigung b und dadurch bedingt die kleinste Standardabweichung.

V. Arbeiten mit innerem Standard

Die Anwendung eines inneren Standards zur Gehaltsbestimmung ist immer dann von Vorteil, wenn eine exakte Konzentrationseinstellung nicht möglich ist. Sie erlaubt das Arbeiten mit kleinen Lösungsvolumina (z. B. bei der Einzeltablettenanalyse) oder die Messung in der Gasphase ohne Messung des Druckes.

Nachteile ergeben sich dadurch, daß eine Standardsubstanz gefunden werden muß, die die Meßbande der Analysensubstanz nicht stört und selbst eine ungestörte Bande aufweist. Häufig liegen Referenz- und Analysenbande weit auseinander, so daß lange Registrierzeiten (15—20 Minuten) die Folge sind.

Die Parameter der Analysenfunktion und ihre statistischen Fehler werden eingehend besprochen.

Die erreichbare Genauigkeit entspricht der, wie sie bei der Arbeitsweise mit äußerem Standard erhalten wird.

Zur Gehaltsbestimmung mit innerem Standard wird die Analysenprobe mit einer Bezugssubstanz gemischt. Dabei ist darauf zu achten, daß die Analysenbande der Probe nicht von der Bezugssubstanz gestört wird und umgekehrt die ausgewählte Referenzbande nicht vom Probenspektrum.

Zur *Eichung* werden die Spektren mehrerer Mischungen von Bezugssubstanz und reinster Analysensubstanz (= Standardsubstanz) registriert. Es wird die Absorbance der Bezugssubstanz AS und die Absorbance der Standardsubstanz AP bestimmt. Der Quotient AS/AP wird gegen das Mischungsverhältnis MV der Einwaagen der Bezugssubstanz ES und der Standardprobe EP aufgetragen. Wenn das Mischungsverhältnis nur wenig variiert, ergibt sich folgende lineare Beziehung:

$$\frac{AS}{AP} = b \cdot \frac{ES}{EP} \qquad (88)$$

Entsprechend verfährt man bei der Probenmessung. Es werden mehrere Einwaageverhältnisse EV durch Zusammenwägen von GS mg Bezugssubstanz und GP mg Probe hergestellt. Aus den Spektren wird die Absorbance der Bezugssubstanz und der Analysenprobe bestimmt und gegen das Mengenverhältnis aufgetragen.

$$\frac{AS}{AP} = B \cdot \frac{GS}{GP} \qquad (89)$$

V. Arbeiten mit innerem Standard

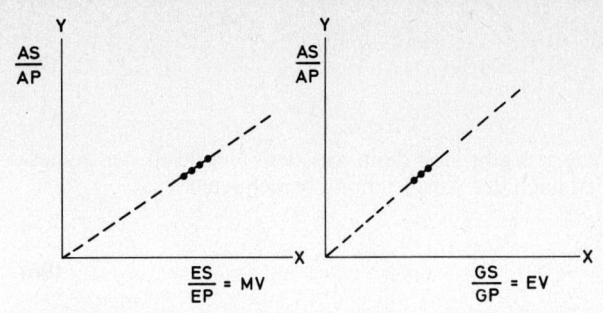

Abbildung 15 Analysenfunktion der Eichung (links) und Probenmessung (rechts)

Der Prozentgehalt PRZ der Analysenprobe und seine Standardabweichung ergeben sich zu

$$\text{PRZ} = \frac{b}{B} \cdot 100 \tag{90}$$

$$s_{\text{PRZ}}^2 = s_b^2 \left(\frac{\partial \text{PRZ}}{\partial b}\right)^2 + s_B^2 \left(\frac{\partial \text{PRZ}}{\partial B}\right)^2$$

$$s_{\text{PRZ}} = \frac{100}{B^2} \sqrt{s_b^2 \cdot B^2 + s_B^2 \cdot b^2} \tag{91}$$

Zur *Auswertung* müssen also b und B nebst ihren Varianzen bestimmt werden. Da wir hier lineare Gleichungen der allgemeinen Form

$$y = bx \tag{92}$$

vorliegen haben, müssen wir den Wert für b bestimmen, für den die Fehlerquadratsumme ein Minimum wird.

Es gilt:

$$Q = \sum_{1}^{n} (bx_i - y_i)^2 \tag{93}$$

$$\frac{\partial Q}{\partial b} = 0$$

$$2 \sum_{1}^{n} (bx_i - y_i) \cdot x_i = 0 \tag{94}$$

$$b \sum_{1}^{n} x_i^2 = \sum_{1}^{n} x_i y_i$$

V. Arbeiten mit innerem Standard

$$b = \frac{\sum_1^n x_i y_i}{\sum_1^n x_i^2} \tag{95}$$

Die *Varianz von y* ergibt sich dann aus dem Vergleich der gemessenen y_i mit den nach der Ausgleichung berechneten Y_i.

$$s_0^2 = \frac{\sum_1^n (y_i - Y_i)^2}{n-1} \tag{96}$$

mit $n-1$ Freiheitsgraden, da zur Festlegung der Geraden nur 1 Punkt benötigt wird.
Die Varianz von y kann jedoch auch auf folgende Weise bestimmt werden.

Mit

$$v_i = y_i - Y_i$$

bzw.

$$v_i = bx_i - y_i \tag{97}$$

erhalten wir durch Multiplizieren mit v_i bzw. y_i

$$v_i^2 = bx_i v_i - y_i v_i \tag{98}$$

$$v_i y_i = bx_i y_i - y_i^2 \tag{99}$$

Aufsummieren von 1 bis n liefert

$$\sum_1^n v_i^2 = b \sum_1^n x_i v_i - \sum_1^n y_i v_i \tag{100}$$

$$\sum_1^n v_i y_i = b \sum_1^n x_i y_i - \sum_1^n y_i^2 \tag{101}$$

Ferner folgt aus Gl. **94**

$$\sum_1^n v_i x_i = 0$$

Einsetzen in Gl. **100** liefert

$$\sum_1^n v_i^2 = -\sum_1^n y_i v_i \tag{102}$$

Einsetzen in Gl. **101** gibt

$$\sum_1^n v_i^2 = \sum_1^n y_i^2 - b \sum_1^n x_i y_i \tag{103}$$

und schließlich

$$s_o^2 = \frac{\sum_1^n y_i^2 - b \sum_1^n x_i y_i}{n-1} \tag{104}$$

Für die *Varianz von b* gilt:

$$s_b^2 = s_o^2 \left(\frac{\partial b}{\partial y}\right)^2 \tag{105}$$

$$s_b^2 = \frac{s_o^2}{\sum_1^n x_i^2} \tag{106}$$

Entsprechend gilt für den *Vertrauensbereich* von b

$$VB_b = s_b \cdot t(P, F) \tag{107}$$

Damit sind alle Parameter zur Gehaltsbestimmung mit innerem Standard gegeben.

Beispiele:
Natrium-α-[1-methoxycarbonyl-propenyl-(2)-amino]-phenylacetat (I) soll mit innerem Standard bestimmt werden. Die Bestimmung soll an der Bande bei 1575 cm^{-1} erfolgen. Als Bezugssubstanz wird Acetessigsäure-äthylester (II) ausgewählt und als Bezugsbande seine Absorption bei 1738 cm^{-1}.
Zur Eichung werden 3 Mischungen von II und reinstem I hergestellt und ihre Spektren von 2000 bis 1500 cm^{-1} registriert. Die erhaltenen Daten sind in Tabelle 1 zusammengefaßt.

V. Arbeiten mit innerem Standard

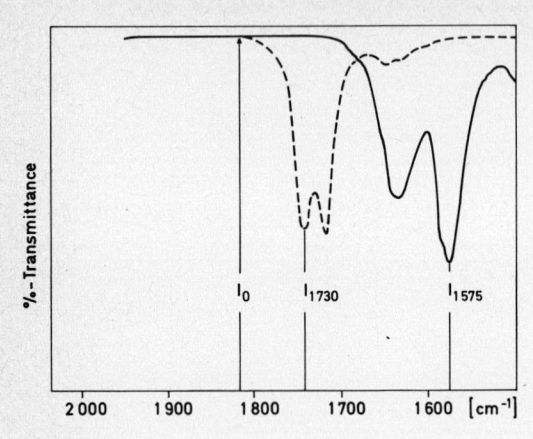

Abbildung 16 Spektrenausschnitt von 5,600 g/l Natrium-α-[1-methoxycarbonyl-propenyl-(2)-amino]-phenyl-acetat (ausgezogene Linie) und 5,651 g/l Acetessigsäure-äthylester (gestrichelt)

Die Schichttiefe beträgt für beide Spektren 0,0203 cm. Als Lösungsmittel wurde Dichlormethan/2-Methoxy-äthanol 24 : 1 v/v benutzt.

Tabelle 9 **Eichfunktion zur Bestimmung von Natrium-α-[1-methoxycarbonyl-propenyl-(2)-amino]-phenylacetat mit Acetessigsäure-äthylester als innerer Standard**

ES (mg)	EP (mg)	AS	AP	$\dfrac{AS}{AP}$	$\dfrac{ES}{EP}$
45,20	49,50	0,276972	0,407019	0,680489	0,913131
41,82	42,14	0,249709	0,338914	0,736792	0,992406
52,51	44,94	0,318524	0,367116	0,867637	1,168447

$\sum \dfrac{AS}{AP} \cdot \dfrac{ES}{EP} = 2{,}366360$	$b = 0{,}743216$
$\sum \left(\dfrac{ES}{EP}\right)^2 = 3{,}183946$	$s_b^2 = 7{,}178199 \cdot 10^{-7}$
$\sum \left(\dfrac{AS}{AP}\right)^2 = 1{,}758722$	
$s_0^2 = 2{,}28 \cdot 10^{-6}$	$s_b = 0{,}000847$
$s_0 = 0{,}001512$	$F = 2$

Anschließend werden 3 Proben analysiert. Die Daten sind in Tabelle 10 zusammengefaßt.

Tabelle 10 **Gehaltsbestimmung von Natrium-α-[1-methoxycarbonyl- propenyl-(2)-amino]-phenyl-acetat mit innerem Standard**

	GS (mg)	GP (mg)	AS	AP	$\frac{AS}{AP}$	$\frac{GS}{GP}$
Probe 1	51,68	49,06	0,323736	0,420833	0,769274	1,053404
	52,95	51,51	0,337864	0,436449	0,774121	1,027956
	61,11	52,38	0,390670	0,437916	0,892112	1,166667
Probe 2	53,74	49,34	0,344316	0,414360	0,830958	1,089177
	48,52	51,52	0,310586	0,434399	0,714979	0,941770
	56,29	51,67	0,359866	0,432712	0,831653	1,089414
Probe 3	61,63	49,84	0,330352	0,417699	0,790886	1,035915
	53,22	49,37	0,340251	0,418967	0,812120	1,077983
	56,44	50,49	0,359512	0,423181	0,849546	1,117845

	Probe 1	Probe 2	Probe 3
$\sum \frac{AS}{AP} \cdot \frac{GS}{GP}$	2,646916	2,484421	2,644403
$\sum \left(\frac{GS}{GP}\right)^2$	3,527465	3,260060	3,484745
$\sum \left(\frac{AS}{AP}\right)^2$	1,986910	1,893333	2,006768
s_0^2	0,000367	0,000005	0,000030
s_0	0,019158	0,002272	0,005449
B	0,750373	0,762078	0,758851
s_B^2	0,000104	0,000002	0,000009
s_B	0,010200	0,001258	0,002919
PRZ	99,0	97,5	97,9
s_{PRZ}	1,46	0,20	0,39

Der Rechenaufwand ist bei dieser Vorgehensweise beträchtlich. Wählt man die Versuchsbedingungen so, daß die Messungen einer Mehrfachbestimmung möglichst dicht beieinander liegen, kann man auch folgende Auswertung — wie sie in der Gaschromatographie üblich ist — anwenden.

Man bestimmt bei der Eichung b als Mittelwert aus mehreren Messungen nach

$$b = \frac{1}{n} \sum_{1}^{n} \frac{\left(\frac{AS}{AP}\right)_i}{\left(\frac{ES}{EP}\right)_i} \tag{108}$$

44 V. Arbeiten mit innerem Standard

Die Varianz von b ist dann

$$s_b^2 = \frac{\sum\limits_1^n b_i^2 - \dfrac{\left(\sum\limits_1^n b_i\right)^2}{n}}{n(n-1)}$$

Entsprechend bestimmt man aus den Probemessungen B und die Varianz von B. Der Prozentgehalt PRZ und seine Standardabweichungen sind bereits in den Gl. **90** u. **91** (S. 39) gegeben.
Anwendung auf die Zahlenwerte in Tabelle 9 (S. 42) liefert als Eichwerte

$b = 0{,}743404$
$s_b^2 = 8{,}311667 \cdot 10^{-7}$
$s_b = 0{,}000912$

Entsprechend folgt für die Probenwerte nach Tabelle 10 (S. 43)

	Probe 1	Probe 2	Probe 3
B	0,749337	0,761835	0,758941
s_B^2	0,000102	0,000002	0,000009
s_B	0,010102	0,001331	0,002961
PRZ	99,2	97,6	98,0
s_{PRZ}	1,34	0,21	0,40

Unter Berücksichtigung der unvermeidlichen Rundungsfehler – insbesondere bei der Fehlerrechnung – ist die Übereinstimmung ausgezeichnet.

Wir werden daher für die nachfolgenden Beispiele nur noch das letzte Rechenschema anwenden.

Bestimmung von 2-Chlor- und 4-Chlor-phenol.
Die Bestimmung soll in der Gasphase an den OH-Banden bei 3575 cm^{-1} (2-Chlor-phenol) und 3650 cm^{-1} (4-Chlor-phenol) erfolgen. Als innerer Standard wird Benzonitril ausgewählt und als Bezugsbande seine C≡N-Schwingung bei 2240 cm^{-1}. Die Messung erfolgt in einer heizbaren Gasküvette von 5 cm Schichttiefe bei 140°C. Von den Analysenmischungen werden jeweils 70 µl in die Küvette injiziert.

V. Arbeiten mit innerem Standard

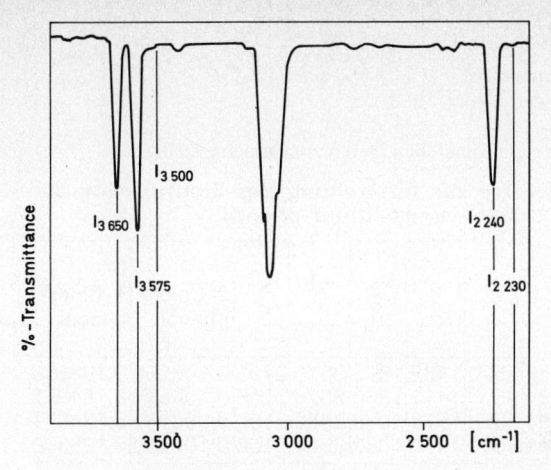

Abbildung 17 Spektrum von 70 µl einer Mischung von 150,25 mg 2-Chlor-phenol, 150,21 mg 4-Chlor-phenol, 838,45 mg Benzonitril in einer 5 cm Gasküvette bei 140 °C

Eichung
Es werden Mischungen von 2-Chlor-, 4-Chlor-phenol und Benzonitril hergestellt und die Spektren von 3800 bis 2100 cm^{-1} registriert. Aus den Spektren werden die Durchlässigkeiten bei 3650, 3575, 3500, 2240 und 2230 cm^{-1} abgelesen. Zur Aufstellung der Eichfunktion zur Bestimmung von 2-Chlorphenol bildet man für jede Mischung

$$\frac{AS}{AP} = \frac{\log \frac{I_{2230}}{I_{2240}}}{\log \frac{I_{3500}}{I_{3575}}}$$

und

$$MV = \frac{\text{Einwaage Benzonitril}}{\text{Einwaage 2-Chlorphenol}}$$

Entsprechend verfährt man zur Aufstellung der Eichfunktion von 4-Chlorphenol.

Jetzt ist

$$\frac{AS}{AP} = \frac{\log \frac{I_{2230}}{I_{2240}}}{\log \frac{I_{3500}}{I_{3650}}}$$

V. Arbeiten mit innerem Standard

und

$$MV = \frac{\text{Einwaage Benzonitril}}{\text{Einwaage 4-Chlorphenol}}$$

In Tabelle 11 sind die experimentellen Daten zusammengestellt.

Tabelle 11 Einzelwerte zur Aufstellung der Eichfunktion zur Bestimmung von 2-Chlor- und 4-Chlor-phenol

Einwaage (mg)			I_{3500}	I_{3575}	I_{3650}	I_{2230}	I_{2240}	b 2-Chlor-phenol	b 4-Chlor-phenol
2-Chlor-phenol	4-Chlor-phenol	Benzo-nitril							
150,74	152,49	838,56	3570	1482	1873	3576	2190	0,100258	0,138238
167,36	157,84	864,94	3570	1411	1860	3576	2208	0,100504	0,134952
150,33	148,68	931,54	3558	1612	1989	3576	2190	0,099947	0,134571
150,25	150,21	838,45	3546	1470	1832	3564	2156	0,102289	0,136350

Komponente	b	s_b^2	s_b	F
2-Chlor-phenol	0,100749	$2,761475 \cdot 10^{-7}$	0,000525	3
4-Chlor-phenol	0,136028	$6,894342 \cdot 10^{-7}$	0,000830	3

Gehaltsbestimmung

Es werden 2 Proben je 3mal analysiert und analog zur Eichung B bestimmt. Die experimentellen Daten und Ergebnisse sind in Tabelle 12 zusammengestellt.

Tabelle 12 Daten zur Gehaltsbestimmung von 2-Chlor- und 4-Chlor-phenol

Probe	Einwaage (mg) Probe	Benzo-nitril	I_{3500}	I_{3575}	I_{3650}	I_{2230}	I_{2240}	B 2-Chlor-phenol	B 4-Chlor-phenol
1	320,52	915,67	3520	1617	1748	3562	2176	0,221768	0,246448
1	301,84	861,07	3538	1635	1700	3568	2164	0,227079	0,239158
1	312,64	911,46	3544	1703	1770	3569	2194	0,227729	0,240386
2	303,02	915,98	3541	1357	2035	3570	2138	0,176834	0,306198
2	320,40	921,39	3544	1292	2052	3567	2135	0,176875	0,326619
2	322,07	881,39	3541	1227	2012	3563	2116	0,179657	0,336836

Probe	Komponente	B	s_B^2	s_B	F	%-Geh. (PRZ)	s_{PRZ}
1	2-Chlor-phenol	0,225526	$3,56455 \cdot 10^{-6}$	0,001888	2	44,7	0,44
1	4-Chlor-phenol	0,241997	$5,077983 \cdot 10^{-6}$	0,002253	2	56,2	0,63
2	2-Chlor-phenol	0,177788	$8,727733 \cdot 10^{-7}$	0,000934	2	56,7	0,42
2	4-Chlor-phenol	0,323218	$8,111850 \cdot 10^{-5}$	0,009007	2	42,1	1,20

V. Arbeiten mit innerem Standard

Die Ergebnisse zeigen, daß Messungen mit innerem Standard mit gleicher Genauigkeit ausgeführt werden können wie Messungen mit äußerem Standard. Sie sind immer dann von Vorteil, wenn der Einsatz einer genau bestimmten Probenmenge nur unvollkommen realisierbar ist, wie bei Verwendung kleiner Flüssigkeitsvolumina oder bei Messungen in der Gasphase.

VI. Arbeiten mit äußerem Standard

In der Spektrophotometrie läßt sich — im Gegensatz zur Gaschromatographie — ausgezeichnet mit einem äußeren Standard arbeiten. Man verfährt dabei so, daß man einige (wenigstens drei) Eichmessungen mit reinster Standardsubstanz ausführt. Die Eichmessungen erfolgen zu Beginn und Ende einer Meßreihe. Bei langen Meßreihen empfiehlt es sich, auch zwischendurch Eichmessungen einzustreuen.

Der *Gehaltswert* einer Probe wird durch *Vergleich der Absorptivity* reinster Bezugssubstanz mit der Absorptivity der Probe unter Anwendung des Beerschen Gesetzes ermittelt.

Für die rechnerische Auswertung gelten die gleichen Überlegungen, wie sie für die Arbeitsweise mit innerem Standard diskutiert wurden.

> Es wird gezeigt, daß die Größe der Absorptivity keinen Einfluß auf den Fehler des Probenergebnisses hat, sondern daß dieser Fehler um so kleiner wird, je kleiner die relative Standardabweichung der Absorptivity wird.

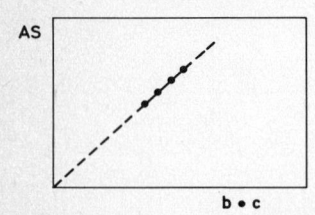

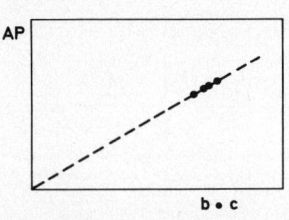

Abbildung 18 Auswertung mit äußerem Standard. Links: Eichfunktion. Rechts: Analysenfunktion

Zwischen der Absorbance und der Konzentration besteht die lineare Beziehung

$$AS = aS \cdot bc \qquad \text{(Eichung)} \qquad (109)$$

$$AP = aP \cdot bc \qquad \text{(Analyse)}$$

Für den Prozentgehalt (PRZ) der Probe gilt

$$PRZ = \frac{aP}{aS} \cdot 100. \qquad (110)$$

Wenn die Konzentrationen der einzelnen Meßlösungen nicht allzu stark streuen, ist das Beersche Gesetz und damit Gl. **109** erfüllt.

VI. Arbeiten mit äußerem Standard

Aus den n Meßpunkten der Ausgleichsgeraden erhalten wir als jeweilige Geradenneigung die Absorptivity der Bezugssubstanz (aS) oder die Absorptivity der Probe (aP). Entsprechend Gl. **95** (S. 40) erhalten wir für die Absorptivity

$$a = \frac{\sum\limits_{1}^{n} c_i \cdot A_i}{b \cdot \sum\limits_{1}^{n} c_i^2} \tag{111}$$

und für die Standardabweichung der Absorptivity mit $(n-1)$ Freiheitsgraden nach Gl. **104** u. **106** (S. 41)

$$s_0^2 = \frac{\sum\limits_{1}^{n} A_i^2 - a \cdot b \cdot \sum\limits_{1}^{n} c_i \cdot A_i}{n-1} \tag{112}$$

$$s_a = \frac{s_0}{b \cdot \sqrt{\sum\limits_{1}^{n} c_i^2}} \tag{113}$$

Für die Standardabweichung des Prozentgehaltes folgt

$$s_{PRZ} = \frac{100}{aS^2} \sqrt{(aS \cdot s_{aP})^2 + (aP \cdot s_{aS})^2} \tag{114}$$

Die Auswertung sei am **Beispiel der Bestimmung von Binotalsäure®** gezeigt.

Es werden 6 Eich- und 6 Probemessungen an Binotalsäure · Trihydrat ausgeführt. Als Lösungsmittel dient Dichlormethan/Triäthylamin 50:1. Die Schichttiefe war bei allen Messungen 0,0190 cm und das Volumen 10 ml. Die Gehaltsbestimmung erfolgt an der β-Lactambande bei 1780 cm^{-1}. Die Meßdaten sind in Tabelle 13 zusammengestellt.

Aus den Daten berechnen sich der Prozentgehalt der Probe und seine Standardabweichung zu

PRZ = 99,8 % ± 0,35 %.

Oftmals möchte man anstelle der Standardabweichung den *Vertrauensbereich* des Gehaltswertes angeben. Unter Annahme der t-Verteilung erhält man

$$VB_a = s_a \cdot t(P, F) \tag{115}$$

und

Tabelle 13 **Meßprotokoll zur Gehaltsbestimmung von Binotalsäure®**

	E (mg)	A	a	s_a
Eichung	93,19	0,378394		
	93,37	0,380088		
	93,40	0,384386		
	93,40	0,383829		
	93,39	0,385403		
	93,40	0,386176	2,159464	0,005625
Analyse	99,20	0,408884		
	99,30	0,405170		
	99,20	0,404475		
	99,20	0,405328		
	99,31	0,408116		
	99,17	0,406348	2,155475	0,003776

$$VB_{PRZ} = \frac{100}{aS^2} \sqrt{(aS \cdot VB_{aP})^2 + (aP \cdot VB_{aS})^2} \tag{116}$$

Mit $t(0{,}95{,}5) = 2{.}57$ erhalten wir für den Datensatz unseres Beispiels

$VB_{aS} = \pm 0{,}0168$
$VB_{aP} = \pm 0{,}0097$
$VB_{PRZ} = \pm 0{,}90$

Somit ist unser Endergebnis

$PRZ = 99{,}8\% \pm 0{,}9\%$

Bei dieser Art der Berechnung ist der Rechenaufwand beträchtlich. Bei der Benutzung von Rechnern, die mit einer festen Zahl von Nachkommastellen arbeiten, können zudem beträchtliche Fehler (z. B. durch Quadrieren kleiner Zahlen) entstehen. Würde man für alle zu einer Probe gehörenden Meßlösungen die gleiche Konzentration c wählen, ginge Gl. **111** (S. 49) in die Form über

$$a = \frac{1}{b \cdot c} \cdot \frac{\sum_{1}^{n} A_i}{n} \tag{117}$$

Das aber ist das arithmetische Mittel der Absorptivity entsprechend Gl. **109** (S. 48)

$$a = \frac{A}{b \cdot c} \tag{118}$$

Um diese Gleichung anwenden zu können, ist es nicht notwendig, daß die Konzentrationen absolut gleich sind. Es genügt im allgemeinen, wenn ihre Unterschiede nicht mehr als zehn Prozent relativ betragen. Dann geht Gl. **117** über in

VI. Arbeiten mit äußerem Standard 51

$$a = \frac{1}{b \cdot n} \cdot \sum_{1}^{n} \frac{A_i}{c_i} \qquad (119)$$

Durch Anwendung des Fehlerfortpflanzungsgesetzes erhalten wir die *Standardabweichung der (mittleren) Absorptivity*.
Mit

$$B_i = \frac{A_i}{c_i}$$

erhalten wir

$$s_a^2 = \left(\frac{1}{b \cdot n}\right)^2 \left[\left(s_{B_1} \cdot \frac{\partial a}{\partial B_1}\right)^2 + \cdots + \left(s_{B_n} \cdot \frac{\partial a}{\partial B_n}\right)^2\right].$$

Mit $s_{B_1} = s_{B_2} = s_{B_n} = s_B$ folgt

$$s_a^2 = \frac{1}{b^2 \cdot n^2} \cdot n \cdot s_B^2$$

und

$$s_a = \frac{s_B}{b \cdot \sqrt{n}} \qquad (120)$$

Mit den Zahlen unseres Beispiels erhalten wir

	Eichung	Analyse
a	2,159446	2,155475
s_a	0,006528	0,003777

Da die Konzentrationen bei der Bestimmung der Binotalsäure® nur wenig streuen, sei noch ein Datensatz einer anderen Bestimmung mit stärker variierenden Konzentrationen angeführt.

Tabelle 14 Datensatz mit größeren Konzentrationsunterschieden. Die Schichttiefe beträgt 0,0204 cm. Unter VB_{PRZ} ist der Vertrauensbereich mit $P = 0{,}95$ unter Annahme einer Normalverteilung angegeben (Dann ist $VB_a = 1{,}96 \cdot s_a$)

	c (g/l)	A	Auswertung nach Gleichung			
			111 (S. 49) a	113 (S. 49) s_a	119 (S. 51) a	120 (S. 51) s_a
Eichung	7,463	0,423204				
	8,052	0,458326				
	8,034	0,455306	2,782833	0,003872	2,782682	0,003808
Analyse	8,075	0,284778				
	8,738	0,309034				
	8,788	0,319036	1,748407	0,016552	1,747335	0,016189
		PZR	62,8 %		62,8 %	
		VB_{PRZ}	± 1,18 %		± 1,15 %	

Auch in diesem Datensatz ist die Übereinstimmung beider Berechnungsverfahren ausgezeichnet.

Vielfach wird die Meinung vertreten, daß die Fehler einer Gehaltsbestimmung um so kleiner werden, je größer die Absorptivity ist. Aus diesem Grunde wird oftmals der UV-Spektrophotometrie der Vorzug gegeben, obwohl sie nur eine geringe Selektivität besitzt. Eine oberflächliche Betrachtung von Gl. 114 (S. 49) scheint diese Meinung zu bestätigen, denn die Standardabweichung des Prozentgehaltes ist umgekehrt proportional dem Quadrat der Absorptivity der Bezugssubstanz. Wenn zwischen den Absorptivities von Bezugs- und Analysensubstanz die Beziehung

$aP = z \cdot aS$

besteht, und entsprechend für die Standardabweichungen

$s_{aP} = z \cdot s_{aS}$

(Bedingungen, die im allgemeinen erfüllt sind), so folgt aus Gl. **114**

$$s_{PRZ} = \frac{100}{aS^2} \sqrt{(aS \cdot z \cdot s_{aS})^2 + (z \cdot aS \cdot s_{aS})^2}$$

$$s_{PRZ} = 100 \cdot z \cdot \sqrt{2} \cdot \frac{s_{aS}}{aS}$$

> Die Standardabweichung in PRZ ist eine Funktion der relativen Standardabweichung der Absorptivity.
> Als Bande zur Gehaltsbestimmung sollte man daher die Bande auswählen, bei der die relative Standardabweichung ein Minimum wird.

Um die *Gültigkeit* dieser Aussage zu *überprüfen*, wollen wir eine Gehaltsbestimmung von 2-*Nitro-phenol* an verschiedenen Banden im IR und UV mit unterschiedlichen Absorptivities ausführen. Wir wählen die Banden bei 1810, 1477 und 36765 cm^{-1} mit den Absorptivities 0,048, 2,601 und 44,723 cm^2/mg. Die Einzelergebnisse sind in den Tab. 15—17 (S. 52—54) zusammengestellt. Es treten keine signifikanten Unterschiede zwischen den Ergebnissen auf, obwohl die Absorptivities um den Faktor 1000 variieren.

Tabelle 15 **Gehaltsbestimmung von 2-Nitro-phenol. Die relative Standardabweichung der Absorptivity beträgt 0,011**

MESSBANDE	%-STANDARD	B (cm)	VOL. (*ml*)	LOESUNGSMITTEL
1810/cm	100,0	0,0504	10	CCl$_4$

VI. Arbeiten mit äußerem Standard

STANDARD

E (mg)	ABS	ABSORPTIVITY	MITTEL		
1021,94	0,246667	0,04789			
981,87	0,238560	0,04820			
991,46	0,241998	0,04842			
996,07	0,244752	0,04875			
984,60	0,236375	0,04763			
1019,29	0,242960	0,04729	0,04803	VB 95:	0,00042

PROBEN

E (mg)	ABS	%-GEHALT	VB 95		PROBENBEZEICHNUNG
1005,40	0,243714	100,1			
1009,37	0,246380	100,8			
1026,92	0,248229	99,8			
1022,73	0,249814	100,9			
1004,52	0,245646	101,0			
997,66	0,242831	100,5	100,5	0,97	PROBE 1

Tabelle 16 **Gehaltsbestimmung von 2-Nitro-phenol. Die relative Standardabweichung der Absorptivity beträgt 0,009**

MESSBANDE	%-STANDARD	B (cm)	VOL. (*ml*)	LOESUNGSMITTEL
1477/cm	100,0	0,0198	10	CCl_4

STANDARD

E (mg)	ABS	ABSORPTIVITY	MITTEL		
83,89	0,430303	2,59058			
87,04	0,443893	2,57568			
85,93	0,448686	2,63713			
85,57	0,442130	2,60953			
87,22	0,446113	2,58322			
87,10	0,450462	2,61200	2,60136	VB 95:	0,01810

PROBEN

E (mg)	ABS	%-GEHALT	VB 95		PROBENBEZEICHNUNG
86,72	0,451761	101,1			
83,54	0,435382	101,2			
85,67	0,444934	100,8			
83,25	0,435026	101,5			
86,78	0,450171	100,7			
88,55	0,460978	101,1	101,1	0,73	PROBE 1

Tabelle 17 Gehaltsbestimmung von 2-Nitro-phenol. Die relative Standardabweichung der Absorptivity beträgt 0,007

MESSBANDE	%-STANDARD	B (cm)	VOL. (*ml*)	LOESUNGSMITTEL
36765/cm	100,0	1,0000	999	METHANOL

STANDARD

E (mg)	ABS	ABSORPTIVITY	MITTEL		
9,88	0,437998	44,28744			
11,58	0,516998	44,60111			
10,37	0,462998	44,60317			
12,33	0,557998	45,21005			
10,50	0,472998	45,00238			
11,35	0,509998	44,88880	44,76548	VB 95:	0,26544

PROBEN

E (mg)	ABS	%-GEHALT		VB 95	PROBENBEZEICHNUNG
10,98	0,491998	100,0			
12,78	0,573998	100,2			
12,10	0,546998	100,9			
10,70	0,477998	99,7			
10,76	0,483998	100,4			
11,44	0,515998	100,7	100,3	0,69	PROBE 1

Die Entscheidung, wieviel Eich- und Analysenmessungen auszuführen sind, hängt davon ab, welche Bedeutung dem Analysenwert zugemessen wird. Bei einem routinemäßig angewandten Verfahren, nach einer sorgfältig ausgearbeiteten Vorschrift, wird man die Vertrauensbereiche für $P = 0,95$ nach der Normalverteilung angeben. In allen anderen Fällen, insbesondere bei
1. der Gehaltsbestimmung eines Sekundärstandards,
2. der Aufklärung von Analysendifferenzen,
3. der Ausarbeitung einer Analysenvorschrift, einer Schiedsanalyse etc.

werden die *Vertrauensbereiche* nach der *t-Verteilung* mit $P = 0,95$ oder $P = 0,99$ angegeben. Hierbei ist die Größe der Vertrauensbereiche eine Funktion der Zahl der Freiheitsgrade. Die Faktoren für die t-Verteilung sind im Anhang wiedergegeben. Man sieht, daß der Vertrauensbereich mit steigender Zahl der Messungen kleiner wird, jedoch ist der Gewinn ab sechs Messungen gering. Aus Gl. **116** (S. 50) folgt, daß der Vertrauensbereich des Endergebnisses bei einer vorgegebenen Gesamtzahl von Messungen, immer dann ein Minimum wird, wenn die Zahl der Eichmessungen gleich der Zahl der Analysenmessungen ist.

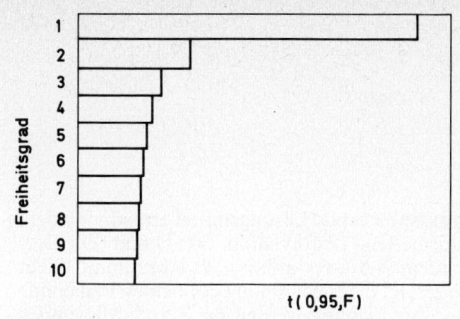

Abbildung 19 Graphische Darstellung von t (0,95, F) für 1–10 Freiheitsgrade

Da der Gehaltsbestimmung mit äußerem Standard eine besondere Bedeutung zukommt, sei noch die Bestimmung der Wirkstoffmenge in Tabletten beschrieben, sowie eine Gehaltsbestimmung, bei der zwei Komponenten an der gleichen Bande durch die Wahl selektiver Lösungsmittel bestimmt werden.

Beispiel

Bestimmung eines Wirkstoffes in Tabletten.

Der Wirkstoff

$$Cl-CH_2-SO_2-O-CH_2-CH_2-CO-N\underset{}{\underbrace{}}N-CO-CH_2-CH_2-O-SO_2-CH_2-Cl$$

soll in Tabletten bestimmt werden. Die Tablettengewichte betragen 300 mg, die Wirkstoffmenge etwa 10 mg. Entsprechend der Substanzmatrix wurde als Analysenbande die Absorption bei 1180 cm^{-1} gewählt und als Lösungsmittel Acetonitril, da hierin praktisch nur der Wirkstoff löslich ist.
Die *Eichung* erfolgt mit reinem Wirkstoff in der üblichen Weise. Zur *Gehaltsbestimmung* werden jeweils vier Tabletten gemörsert und 900 mg Substanz in einen 10 ml Meßkolben eingewogen. Es wird mit Acetonitril bis zur Eichmarke aufgefüllt und zwei Minuten im Ultraschallbad beschallt. Aus den Spektren der Lösungen wird der Wirkstoffgehalt bestimmt und aus den bekannten Tablettengewichten die Wirkstoffmenge pro Tablette. Die Ergebnisse sind in Tab. 18 wiedergegeben.
Die Analysenzahlen zeigen, daß die relative Standardabweichung einer photometrischen Bestimmung konstant ist.

Selektivität durch Wahl des Lösungsmittels

In Totocillin®-Kapseln liegt ein Gemisch von *Binotalsäure*® und *Dichlorstapenor*®-*Na* vor. Der Gehalt an beiden Penicillinen soll an der β-Lactam-Bande bei 1780 cm^{-1} bestimmt werden.

VI. Arbeiten mit äußerem Standard

Dichlorstapenornatrium®

Die Differenzierung soll durch entsprechende Lösungsmittel erreicht werden. Binotalsäure® wird in Dichlormethan/Triäthylamin 50:1 und Dichlorstapenor-Na® in Tetrachlormethan/2-Äthoxy-äthanol 4:1 bestimmt. Sieht man vom Lösungsmittel ab, so erfolgt die Bestimmung der beiden Penicilline in der gleichen Art und Weise. Zur Eichung werden die Standardlösungen der Penicilline jeweils mit dem anderen Penicillin gesättigt.
Die Ergebnisse sind in Tab. 19 zusammengestellt.

Tabelle 18 **Wirkstoffbestimmung von 1,4-Bis-[3-(chlormethansulfonyl-propionyl)]-piperazin in Tabletten**

MESSBANDE	%-STANDARD	B (cm)	VOL. (ml)	LOESUNGSMITTEL
1180/cm	100,0	0,0522	10	CH_3CN

STANDARD

E (mg)	ABS	ABSORPTIVITY	MITTEL		
32,74	0,460990	2,69736			
30,74	0,435261	2,71252			
32,31	0,460909	2,73278			
29,91	0,427415	2,73754	2,72005	VB 95:	0,01822

PROBEN

E (mg)	ABS	%-GEHALT	VB 95	mg/TABL	VB 95	
890,8	0,419723					
904,1	0,423352					
907,0	0,424261	3,30	0,022	9,90	0,07	PROBE 1
912,7	0,436068					
912,8	0,429052					
912,6	0,435074	3,33	0,067	9,99	0,20	PROBE 2

Tabelle 19 **Gehaltsbestimmung von Binotalsäure ⓐ bzw. Dichlorstapenor-Natrium ⓑ in Totocillin-Kapseln durch Lösungsmittelselektion**

ⓐ :

MESSBANDE	%-STANDARD	B (cm)	VOL. (ml)	LOESUNGSMITTEL
1780/cm	100,0	0,0209	10	$CH_2Cl_2/N(C_2H_5)_3$

VI. Arbeiten mit äußerem Standard

STANDARD

E (mg)	ABS	ABSORPTIVITY	MITTEL		
76,28	0,335809	2,10636			
73,42	0,333729	2,17486			
75,12	0,338639	2,15691	2,14605	VB 95:	0,04018

PROBEN

E (mg)	ABS	%-GEHALT		VB 95	PROBENBEZEICHNUNG
123,00	0,308869	56,0			
124,39	0,310659	55,7			
120,86	0,302529	55,8	55,8	1,06	PROBE 1

ⓑ :

MESSBANDE	%-STANDARD	B (cm)	VOL. (m*l*)	LOESUNGSMITTEL
1780/cm	100,0	0,0209	10	CCl_4/H_3CO-CH_2- $-CH_2-OH$ 4:1

STANDARD

E (mg)	ABS	ABSORPTIVITY	MITTEL		
48,60	0,123699	1,21781			
48,05	0,116199	1,15707			
47,91	0,116769	1,16614	1,18034	VB 95:	0,03707

PROBEN

E (mg)	ABS	%-GEHALT		VB 95	PROBENBEZEICHNUNG
124,82	0,117699	38,2			
120,25	0,117469	39,6			
123,54	0,118289	38,8	38,9	1,45	PROBE 1

VII. Bestimmung kleiner Gehaltswerte nach dem Aufstockverfahren

Im Gegensatz zu anderen analytischen Verfahren (z. B. Gaschromatographie, Fluorometrie), bei denen das Meßsignal über einige Größenordnungen linear ist und durch einfaches Umschalten des Verstärkungsgrades gemessen werden kann, ist eine Messung in der Absorptionsspektrophotometrie nur für einen kleinen Bereich der Absorbance (0,3—0,7) mit hinreichender Genauigkeit möglich.

Durch Anwendung des Aufstockverfahrens gelingt es, den Bereich nach *kleineren Gehaltswerten* auszudehnen. Hierbei wird verschiedenen Proben der zu analysierenden Substanzlösung die zu bestimmende Substanz in unterschiedlicher Menge zugefügt, so daß man im Fehlerminimum der Absorbance messen kann.

Eine eingehende Diskussion der Verfahrensparameter und der Fehlerrechnung wird gegeben. Durch die Anwendung des Aufstockverfahrens ist es möglich, Gehaltswerte bis zu 100 ppm herab zu bestimmen.

Die quantitative IR-Spektrophotometrie kann somit bei hoher Genauigkeit für Gehaltsbestimmungen im Bereich nahe 100 % bis 0,1 % und in günstigen Fällen bis 0,01 % angewandt werden.

Bei einer photometrischen Analyse ist der *Fehler des Gehaltswertes* nahezu vollständig durch den Fehler bei der Bestimmung der Absorbance bedingt. Der relative Fehler der Absorbance wird ein Minimum für den Bereich 0,3—0,7 der Absorbance.

Bei der Bestimmung kleiner Gehalte wird auch bei Verwendung großer Schichttiefen (0,05—0,1 cm) und hoher Konzentrationen (100 g/l) der optimale Bereich für die Bestimmung der Absorbance nicht erreicht. Durch Zuwägen des zu bestimmenden Nebenproduktes zur Analysensubstanz kann man jedoch im optimalen Bereich der Absorbance arbeiten.

Die Absorbance A an der ausgewählten Bande wird bestimmt durch die unbekannte Konzentration c_x sowie durch die aus der Zuwaage bekannten Konzentration c_b und durch die Absorptivity a der zu bestimmenden Substanz an dieser Bande und der Schichttiefe b.

$$c_x \cdot a + c_b \cdot a = \frac{A}{b} \tag{121}$$

Die Konzentration c_x ist gegeben durch die Einwaage EP der Probe in (mg), dem zu bestimmendem Prozentgehalt (PRZ) sowie dem Volumen V der Meßlösung in (*ml*).

$$c_x = \frac{EP}{V} \cdot \frac{PRZ}{100} \tag{122}$$

VII. Bestimmung kleiner Gehaltswerte

Entsprechend ist c_b durch die Zuwaage ES des Standards in (mg) und dem Volumen V gegeben.

$$c_b = \frac{ES}{V} \qquad (123)$$

Damit ergibt sich als allgemeine Form der Bestimmungsgleichungen

$$\frac{EP_i}{V} \cdot \frac{PRZ}{100} \cdot a + \frac{ES_i}{V} \cdot a = \frac{A_i}{b} \qquad (124)$$

oder in Matrizenschreibweise

$$① \quad \begin{vmatrix} \frac{EP_1}{V \cdot 100} & \frac{ES_1}{V} \\ . & . \\ . & . \\ . & . \\ \frac{EP_n}{V \cdot 100} & \frac{ES_n}{V} \end{vmatrix} \begin{vmatrix} PRZ \cdot a \\ a \end{vmatrix} = \begin{vmatrix} \frac{A_1}{b} \\ . \\ . \\ . \\ \frac{A_n}{b} \end{vmatrix}$$

Die Auflösung liefert uns die Größen $PRZ \cdot a$ und a, woraus sich PRZ ergibt als

$$PRZ = \frac{PRZ \cdot a}{a} \qquad (125)$$

Für $n > 2$ läßt sich die Standardabweichung von $PRZ \cdot a$ und a berechnen.
Schreibt man das überbestimmte, lineare Gleichungssystem in der Form

$$② \quad \begin{vmatrix} a_1 & b_1 \\ a_2 & b_2 \\ . & . \\ . & . \\ a_n & b_n \end{vmatrix} \begin{vmatrix} x_1 \\ x_2 \end{vmatrix} = \begin{vmatrix} l_1 \\ l_2 \\ . \\ . \\ l_n \end{vmatrix}$$

so erhält man daraus nach der Methode der kleinsten Fehlerquadrate das bestimmte Gleichungssystem

$$③ \quad \begin{vmatrix} aa & ab \\ ab & bb \end{vmatrix} \begin{vmatrix} x_1 \\ x_2 \end{vmatrix} = \begin{vmatrix} al \\ bl \end{vmatrix}$$

Die Werte x_1, x_2, die sich als Lösungen der Normalgleichungen ergeben, hängen von den zufallsbedingten Beobachtungen l_i ab. Sie sind stochastische Veränderliche und haben Mittelwert und Streuung (Gl. **121**).

Die Standardabweichung der Beobachtungen l_i ist

$$s_1 = \sqrt{\frac{vv}{n-2}} \tag{126}$$

worin n die Anzahl der Gleichungen bedeutet.
Für vv gilt

$$vv = ll - (al \cdot x_1 + bl \cdot x_2) \tag{127}$$

al und bl treten bereits als rechte Seiten der Normalgleichungen ③ auf, während ll zusätzlich berechnet werden muß.
Zur Berechnung der Standardabweichung S_{x1} und S_{x2} benötigen wir die Diagonalelemente der Kehrmatrix zu ③ (S. 59).

④ $\begin{vmatrix} \alpha\alpha & \alpha\beta \\ \alpha\beta & \beta\beta \end{vmatrix}$

Die Matrizeninversion läßt sich für eine 2×2-Matrix leicht durchführen. Für die Diagonalelemente gilt

$$\alpha\alpha = \frac{bb}{aa \cdot bb - ab \cdot ab} \tag{128}$$

$$\beta\beta = \frac{aa}{aa \cdot bb - ab \cdot ab} \tag{129}$$

Für die Standardabweichung S_{x1} und S_{x2} gilt

$$S_{x1} = S_1 \sqrt{\alpha\alpha} \tag{130}$$

$$S_{x2} = S_1 \sqrt{\beta\beta} \tag{131}$$

Aus den Standardabweichungen für $x_1 \equiv PRZ \cdot a$ und für $x_2 \equiv a$ folgt, da

$$PRZ = \frac{x_1}{x_2}$$

durch Anwendung des Fehlerfortpflanzungsgesetzes für die Standardabweichung von PRZ

$$S_{PRZ} = \pm \frac{1}{x_2^2} \sqrt{x_1^2 \cdot S_{x2}^2 + x_2^2 \cdot S_{x1}^2} \tag{132}$$

Als **Beispiel** für die Anwendung des Aufstockverfahrens sei die Bestimmung von **(2-Chlor-phenyl)-diphenyl-carbinol** (I) in **(2-Chlor-phenyl)-diphenyl-methylchlorid** (II) angegeben.

Die Bestimmung erfolgt an der OH-Bande bei 3576 cm^{-1}. Die Absorptivity ist 0,4 cm^2/mg. Die Schichttiefe wird zu 0,1 cm und die Einwaage der Probe (EP) zu 1000 mg gewählt.

1. Verfahrensparameter

Durch Variation der Parameter: Schichttiefe, Absorptivity, Probeneinwaage und Standardzuwaage ist es vielfach auch bei kleinen Gehalten möglich, eine Gehaltsbestimmung im Bereich des Fehlerminimums der Absorbance durchzuführen (Gl. **122**, S. 58).

Als Beispiel wird nachfolgend die Bestimmung von **2-Nitro-phenol** als Verunreinigung in 1,1,2,2-Tetrachlor-äthan aufgeführt. Die Messungen erfolgen jeweils an der NO$_2$-Bande bei 1530 cm^{-1} mit einer Absorptivity von 2 cm^2/mg. Die Schichttiefe betrug in allen Fällen 0,1 cm. Variiert wurde die Probeneinwaage. Die Ergebnisse sind in den Tab. 22, 23, 24 (S. 64) wiedergegeben.

2. Untere Erfassungsgrenze

Häufig interessiert die *untere Gehaltsgrenze*, die noch zuverlässig bestimmt werden kann. Zur Abschätzung dieser Größe beim Aufstockverfahren wollen wir verlangen, daß der Beitrag der zu untersuchenden Substanz zur Gesamtabsorbance wenigstens eine Größenordnung größer ist als die Standardabweichung der Absorbance. Diese beträgt je nach Art der Meßbedingungen 0,001—0,01. Geht man vom Wert 0,01 aus, so sollte die Absorbance der Probe wenigstens 0,1 betragen, d. h.

$$\frac{EP}{V} \cdot \frac{PRZ}{100} \cdot a \cdot b \geq 0,1$$

oder

$$PRZ = \frac{10 \cdot V}{EP \cdot a \cdot b} \tag{133}$$

Für unser Beispiel der Bestimmung von **2-Nitro-phenol** ergibt die Abschätzung mit V = 10 ml, EP = 16 000 mg, a = 2 cm^2/mg und b = 0,1 cm

$$PRZ = \frac{100}{16000 \cdot 2 \cdot 0.1}$$

PRZ = 0,03 % bzw. 300 ppm

VII. Bestimmung kleiner Gehaltswerte

Hat man alle Parameter für das Bestimmungsverfahren festgelegt, so kann man die *Nachweisgrenze* und *Garantiegrenze* des Verfahrens nach KAISER angeben. Die Nachweisgrenze ist gegeben als mittlerer Blindwert + 3 mal Standardabweichung des Blindwertes und die Garantiegrenze als mittlerer Blindwert + 6 mal Standardabweichung des Blindwertes.

Für unser Beispiel, 2-Nitro-phenol, haben wir diese Werte aus 20 Bestimmungen ermittelt. Wir haben dazu ~ 16000 mg 1,1,2,2-Tetrachloräthan, das kein 2-Nitro-phenol enthielt, in 10-ml-Meßkolben eingewogen und mit Tetrachlorkohlenstoff bis zur Eichmarke aufgefüllt. Wir erhalten als Blindwert 142 ppm und einen Vertrauensbereich von 54 ppm für $P = 0.95$. Aus x_1 und x_2 errechnet sich nach Gl. **132** (S. 60) die Standardabweichung zu 27 ppm. Daraus folgt für unsere Zielgrößen

Nachweisgrenze = 223 ppm

und Garantiegrenze = 304 ppm.

Die Einzelwerte dieser Meßreihe sind in Tab. 25 (S.66) wiedergegeben.

Hiermit ist gezeigt, daß die quantitative IR-Spektrophotometrie bei Anwendung des Aufstockverfahrens auch zur Bestimmung kleiner Gehalte mit ausgezeichneter Genauigkeit geeignet ist.

Allgemeine Bemerkungen zu den nachfolgenden Tabellen.

Die Auswertung wurde mit einem speziellen Computerprogramm vorgenommen. Es ist ein Programm zur Lösung überbestimmter linearer Gleichungen. Für die verschiedenen Arbeitsweisen der IR-Spektrophotometrie wurden spezielle Daten-Ein- und Ausgabeprozeduren vorgesehen.

Da die Schichttiefe zur Berechnung des Gehaltswertes nicht benötigt wird, wird sie im Computerprogramm nicht berücksichtigt. $X(1)$ ist dann gleich $PRZ \cdot a \cdot b$ und $x(2)$ gleich $a \cdot b$. Bei mehr als zwei Probenmessungen kann der Vertrauensbereich mit $P = 0.95$ wahlweise nach der Normalverteilung oder t-Verteilung berechnet werden. Unter Standardabweichung Y ist die Standardabweichung der Absorbance angegeben. Die Wiedergabe von Eingabematrix und Eingabevektor mit der Überschrift Gleichungen entspricht ① (S. 59).

Tabelle 20 **Bestimmung von (2-Chlor-phenyl)-diphenyl-carbinol in (2-Chlor-phenyl)-diphenyl-methylchlorid**

AUFSTOCKVERFAHREN

VOLUMEN: 10,00 (*ml*), REINHEIT STANDARD: 100,00%

GLEICHUNGEN.

```
1   1,084689E+00  2,564998E+00  3,136753E−01
2   9,709799E−01  5,287997E+00  3,978791E−01
3   9,787199E−01  7,415996E+00  4,839094E−01
```

2. Untere Erfassungsgrenze

MATRIZENGLEICHUNG NACH LSFIT.

3,077245E+00 1,517495E+01 1,200185E+00
1,517495E+01 8,953912E+01 6,497230E+00

SUMME YY = 4,908683E−01

DETERMINANTE = 4,525481E+01

KEHRMATRIX.

  1,978555E+00 −3,353223E−01
−3,353223E−01   6,799819E−02

LOESUNGSVEKTOR   STANDARDABWEICHUNG

Y   5,932813E−04
$X(1)$ = 1,959647E−01 ± 8,345160E−04
$X(2)$ = 3,935124E−02 ± 1,547068E−04

FREIHEITSGRAD: 1

%-GEHALT = 4,980 ± 0,057

(VB__95 NACH NORMALVERTEILUNG)

Tabelle 21 **Bestimmung von o-Chlorphenyl-diphenyl-carbinol in o-Chlorphenyl-diphenylmethylchlorid**

AUFSTOCKVERFAHREN

VOLUMEN: 10,00 (*ml*), REINHEIT STANDARD: 100,00 %

GLEICHUNGEN.

1 9,820197E−01 2,737997E+00 1,590998E−01
2 9,595897E−01 5,114998E+00 2,503252E−01
3 9,338198E−01 7,264996E+00 3,321831E−01

MATRIZENGLEICHUNG NACH LSFIT.

2,757194E+00 1,438126E+01 7,066477E−01
1,438126E+01 8,643999E+01 4,129336E+00

SUMME YY = 1,983210E−01

DETERMINANTE = 3,151114E+01

KEHRMATRIX.

VII. Bestimmung kleiner Gehaltswerte

```
 2,743156E+00  -4,563866E-01
-4,563866E-01   8,749903E-02
```

LOESUNGSVEKTOR   STANDARDABWEICHUNG

Y $1{,}543812E-04$
X(1) = $5{,}387155E-02 \pm 2{,}556934E-04$
X(2) = $3{,}880837E-02 \pm 4{,}566631E-05$

FREIHEITSGRAD: 1

%-GEHALT = $1{,}389 \pm 0{,}014$

(VB__95 NACH NORMALVERTEILUNG)

Tabelle 22 **Bestimmung von 0,513% 2-Nitro-phenol in 1,1,2,2-Tetrachlor-aethan**

AUFSTOCKVERFAHREN

VOLUMEN: 10,00 (*ml*), REINHEIT STANDARD: 100,00%

GLEICHUNGEN.

```
1  1,029389E+00  2,907999E-01  2,135325E-01
2  1,013459E+00  6,995997E-01  3,218820E-01
3  1,025640E+00  9,839996E-01  3,961810E-01
```

MATRIZENGLEICHUNG NACH LSFIT.

```
3,138679E+00  2,017591E+00  9,523613E-01
2,017591E+00  1,542260E+00  6,771258E-01
```

SUMME YY = $3{,}061636E-01$

DETERMINANTE = $7{,}699837E-01$

KEHRMATRIX.

```
 2,002977E+00  -2,620304E+00
-2,620304E+00   4,076292E+00
```

LOESUNGSVEKTOR   STANDARDABWEICHUNG

Y $2{,}002088E-03$
X(1) = $1{,}332827E-01 \pm 2{,}833487E-03$
X(2) = $2{,}646868E-01 \pm 4{,}042182E-03$

FREIHEITSGRAD: 1

%-GEHALT = 0,504 ± 0,026

(VB__95 NACH NORMALVERTEILUNG)

Tabelle 23 **Bestimmung von 0,195 % 2-Nitro-phenol in 1,1,2,2-Tetrachlor-aethan**

AUFSTOCKVERFAHREN

VOLUMEN: 10,00 (*ml*), REINHEIT STANDARD: 100,00 %

GLEICHUNGEN.

1 1,014179E+00 1,125999E+00 3,368118E−01
2 1,032470E+00 1,537999E+00 4,460911E−01
3 1,023520E+00 1,839997E+00 5,190638E−01

MATRIZENGLEICHUNG NACH LSFIT.

3,142145E+00 4,613176E+00 1,333435E+00
4,613176E+00 7,018906E+00 2,020413E+00

SUMME YY = 5,818666E−01

DETERMINANTE = 7,730317E−01

KEHRMATRIX.

  9,079713E+00 −5,967641E+00
 −5,967641E+00   4,064705E+00

LOESUNGSVEKTOR   STANDARDABWEICHUNG

Y   2,821590E−03
X(1) = 5,010370E−02 ± 8,502174E−03
X(2) = 2,549224E−01 ± 5,688637E−03

FREIHEITSGRAD: 1

%-GEHALT = 0,197 ± 0,066

(VB__95 NACH NORMALVERTEILUNG)

VII. Bestimmung kleiner Gehaltswerte

Tabelle 24 **Bestimmung von 296 ppm 2-Nitro-phenol in 1,1,2,2-Tetrachlor-aethan**

AUFSTOCKVERFAHREN

VOLUMEN: 10,00 (ml), REINHEIT STANDARD: 100,00 %

GLEICHUNGEN.

1 1,528461E+01 6,696997E−01 2,364993E−01
2 1,545253E+01 1,030999E+00 3,296392E−01
3 1,543563E+01 1,458999E+00 4,094139E−01
4 1,537715E+01 1,732997E+00 4,559318E−01

MATRIZENGLEICHUNG NACH LSFIT.

9,471151E+02 7,533675E+01 2,203905E+01
7,533675E+01 6,643413E+00 1,885704E+00

SUMME YY = 5,400875E−01

DETERMINANTE = 6,164503E+02

KEHRMATRIX.

  1,077688E−02 −1,222106E−01
−1,222106E−01   1,536401E+00

LOESUNGSVEKTOR   STANDARDABWEICHUNG

Y   1,035471E−02
X(1) = 7,059255E−03 ± 1,074940E−03
X(2) = 2,037933E−01 ± 1,283483E−02

FREIHEITSGRAD: 2

ppm-GEHALT = 347 ± 112

(VB__95 NACH NORMALVERTEILUNG)

Tabelle 25 **Meßprotokoll zur Bestimmung der Nachweisgrenze und Garantiegrenze von 2-Nitro-phenol in 1,1,2,2-Tetrachlor-aethan**

AUFSTOCKVERFAHREN

VOLUMEN: 10,00 (ml), REINHEIT STANDARD: 100,00 %

2. Untere Erfassungsgrenze

GLEICHUNGEN.

```
 1   1,585486E+01   1,463999E+00   3,441706E-01
 2   1,590051E+01   1,928997E+00   4,430622E-01
 3   1,590537E+01   2,426997E+00   5,399283E-01
 4   1,587404E+01   2,947998E+00   6,545386E-01
 5   1,596470E+01   1,434999E+00   3,365710E-01
 6   1,586174E+01   1,986998E+00   4,401820E-01
 7   1,589382E+01   2,427998E+00   5,526841E-01
 8   1,589118E+01   2,934998E+00   6,556991E-01
 9   1,588570E+01   1,481999E+00   3,715200E-01
10   1,576052E+01   1,940997E+00   4,450734E-01
11   1,587688E+01   2,455997E+00   5,583902E-01
12   1,589545E+01   2,914997E+00   6,418644E-01
13   1,589615E+01   1,491999E+00   3,440143E-01
14   1,582579E+01   1,953998E+00   4,348358E-01
15   1,591134E+01   2,431997E+00   5,288280E-01
16   1,589537E+01   2,930998E+00   6,434776E-01
17   1,588892E+01   1,482999E+00   3,458268E-01
18   1,590964E+01   1,934998E+00   4,382971E-01
19   1,594576E+01   2,444998E+00   5,463505E-01
20   1,590058E+01   2,992997E+00   6,431036E-01
```

MATRIZENGLEICHUNG NACH LSFIT.

5,047914E+03   6,992545E+02   1,574221E+02
6,992545E+02   1,028841E+02   2,303611E+01

SUMME YY = 5,161981E+00

DETERMINANTE = 3,039321E+04

KEHRMATRIX.

```
  3,385102E-03   -2,300693E-02
 -2,300693E-02    1,660869E-01
```

LOESUNGSVEKTOR   STANDARDABWEICHUNG

Y   9,513821E-03
X(1) = 2,899503E-03 ± 5,535295E-04
X(2) = 2,041970E-01 ± 3,877240E-03

FREIHEITSGRAD: 18

ppm-GEHALT = 142 ± 54

(VB__95 NACH NORMALVERTEILUNG)

VIII. Mehrkomponentenanalyse

Es ist nicht immer möglich, eine Bande zu finden, an der alle eventuell zu erwartenden Nebenprodukte nicht absorbieren. Häufig handelt es sich bei den Nebenprodukten um Substanzen, die nur in geringer Menge, beispielsweise unter zwei Prozent auftreten. Ihr Gehalt kann oftmals in der Dünnschichtchromatographie bestimmt werden. Der spektrophotometrisch gefundene Gehaltswert für das Hauptprodukt kann dann mit den Werten der Dünnschichtchromatographie korrigiert werden. Treten die Nebenprodukte jedoch in höheren Konzentrationen auf, so kann man die erforderlichen Bestimmungsgleichungen erhalten, indem man die Absorbance an mehreren Banden bestimmt. Der Aufwand zur Bestimmung der Eichfunktion ist jedoch erheblich größer, als bei der Messung an einer isolierten Bande und steigt mit zunehmender Komponentenzahl stark an. Ferner nimmt der Zeitaufwand zur Registrierung der erforderlichen Spektralbereiche zu ebenso wie der Aufwand zur Auswertung.

1. Aufstellen der Eichfunktion

Zur Bestimmung von n Komponenten registriert man zunächst die Spektren der einzelnen Substanzen. Durch Vergleich der Spektren sucht man eine Reihe von Wellenzahlen heraus, bei denen überwiegend eine Komponente des Gemisches absorbiert. Es ist zweckmäßig, mehr als n Meßpunkte auszuwählen. Die Absorbance der zu analysierenden Mischungen soll an den ausgewählten Wellenzahlen möglichst zwischen 0,3 und 0,6 liegen. Um den Meßaufwand klein zu halten, ist es erstrebenswert, diese Bedingung — wenn irgend möglich — bei einer Konzentration und einer Schichttiefe zu erfüllen.

Nach getroffener Wahl bestimmt man die Absorptivities der n Komponenten an den ausgewählten m Wellenzahlen, wie unter III beschrieben und berechnet die Selektivität für die einzelnen Komponenten aus den Zeilen der Absorptivity-Matrix. Schließlich wählt man n Wellenzahlen für die Messung aus. Da sich die Absorptionsmaxima mit der Zusammensetzung der Proben verschieben können, muß man die Absorbance immer exakt bei den festgelegten Wellenzahlen messen.

2. Analysenfunktion

Für die Absorbance an jedem Meßpunkt gilt folgende Gleichung

$$a_1 \cdot b_1 \cdot c_1 + a_2 \cdot b_2 \cdot c_2 + \ldots + a_n \cdot b_n \cdot c_n = A \qquad (134)$$

Aus den n Gleichungen können bei bekannten Absorptivities und Schichttiefen die Konzentrationen der n Komponenten berechnet werden.

Häufig ist man jedoch nicht an den Konzentrationen, sondern an den prozentualen Anteilen (PRZ) der einzelnen Komponenten im Gemisch interessiert. Mit

$$c_i = \frac{PRZ_i}{100} \frac{E}{V} \qquad (135)$$

E = Einwaage des Gemisches (in g)
V = Volumen der Meßlösung (in l)

erhält man die Analysenfunktion in Matrizenschreibweise

⑤ $\begin{vmatrix} a_{11} & a_{12} & \ldots & a_{1n} \\ . & . & & \\ . & . & & \\ . & . & & \\ a_{n1} & a_{n2} & \ldots & a_{nn} \end{vmatrix} \begin{vmatrix} PRZ_1 \\ . \\ . \\ . \\ PRZ_n \end{vmatrix} = \begin{vmatrix} \dfrac{100\ A_1\ V_1}{b_1\ E_1} \\ . \\ . \\ . \\ \dfrac{100\ A_n\ V_n}{b_n\ E_n} \end{vmatrix}$

Beispiel

Bestimmung von **Butanol** (I), **2-Methyl-propanol** (II) und **tert.-Butanol** (III)

$H_3C-CH_2-CH_2-CH_2-OH$ I

$H_3C-CH-CH_2-OH$ II
     $|$
   CH_3

   CH_3
    $|$
$H_3C-C-OH$ III
    $|$
   CH_3

Durch Vergleich der Spektren werden zunächst folgende Meßpunkte ausgewählt: 1328, 1140, 1069, 1036, 947 und 911 cm^{-1}. Zur Berechnung der Absorptivities der Alkohole bei den entsprechenden Wellenzahlen werden 5 Eichmischungen hergestellt.

VIII. Mehrkomponentenanalyse

Tabelle 26 **Eichmischungen**

Mischung	% I	% II	% III
1	16,19	30,26	53,45
2	26,33	24,63	49,03
3	31,33	17,58	51,09
4	54,44	10,27	35,29
5	50,95	33,14	15,91

Dann wird die 100%-Linie Lösungsmittel gegen Lösungsmittel registriert und der Wert für 0% Transmittance mit einer 10%-Transmittance Sektorblende – wie in IX beschrieben – festgelegt. Anschließend werden die Spektren der Eichmischung registriert. Die Ergebnisse sind in Tabelle 27 zusammengefaßt.

Tabelle 27 **Meßwerte zur Aufstellung der Eichfunktion und Analysenfunktion.** Die Schichttiefe betrug 0,0208 cm.

Mischung		Transmittance bei cm^{-1}					
Nr.	mg/10 ml	1328	1140	1069	1036	947	911
100%-Linie		3199	3165	3134	3165	3177	3185
1	310,01	2164	1633	2244	947	2714	1010
2	371,62	2046	1575	1797	845	2539	868
3	376,92	2005	1507	1659	1019	2487	794
4	524,61	1813	1647	818	708	2057	895
5	289,40	2430	2408	1478	667	2435	2165
Probe							
1	360,05			1837	884		945
2	366,32			1825	871		884
3	366,69			1801	847		855
4	357,20			1822	869		847

Aus den Einwaagen erhalten wir bei einem Volumen der Meßlösungen von 10 ml folgende Konzentrationsmatrix (g/l)

$$\begin{vmatrix} 5,019 & 9,382 & 16,572 \\ 9,785 & 9,153 & 18,220 \\ 11,809 & 6,626 & 19,257 \\ 28,560 & 5,388 & 18,514 \\ 14,745 & 9,591 & 4,604 \end{vmatrix}$$

Aus den Meßwerten erhalten wir als rechte Seiten (A/b) für die einzelnen Banden folgende Vektoren

2. Analysenfunktion

Bande (cm⁻¹)	1328	1140	1069	1036	947	911
Vektor	8,1614	13,8167	6,9748	25,1934	3,2888	23,9802
	9,3321	14,5718	11,6130	27,5729	4,6805	27,1437
	9,7548	15,4933	13,2814	23,6634	5,1126	29,0043
	11,8566	13,6385	28,0455	31,2664	9,0761	26,5042
	5,7408	5,7076	15,6935	32,5119	5,5538	8,0602

Die Lösung der überbestimmten, linearen Gleichungssysteme liefert folgende Werte für die Absorptivities der drei Komponenten an den ausgewählten Wellenzahlen

Tabelle 28 Absorptivity, Standardabweichung der Absorptivity und Selektivität für die zu bestimmenden Substanzen an den ausgewählten Wellenzahlen

cm⁻¹	1328	1140	1069	1036	947	911
a_I	0,1620	−0,0161	0,9204	0,6632	0,1595	−0,0017
$s_{a\,I}$	0,0054	0,0252	0,0132	0,0202	0,1129	0,0437
Ξ	−0,7	−1,0	**2,9**	−0,7	−0,6	−1,0
a_{II}	0,1840	0,2711	0,1910	2,3641	0,3156	0,1367
$s_{a\,II}$	0,0128	0,0598	0,0313	0,0479	0,2674	0,1035
Ξ	−0,6	−0,6	−0,8	**2,6**	0,2	−0,9
a_{III}	0,3384	0,6919	0,0458	−0,0147	0,1104	1,4157
$s_{a\,III}$	0,0072	0,0335	0,0176	0,0269	0,1501	0,0581
Ξ	0	1,4	−1,0	−1,0	0,2	**9,2**

Nur an drei Banden trägt jeweils eine Substanz überwiegend zur Absorbance bei. Wir wählen daher diese drei Banden (1069, 1036 und 911 cm⁻¹) zur Gehaltsbestimmung aus. Nunmehr registrieren wir die Spektren der vier Meßlösungen von unserer Analysenprobe. Die Ergebnisse sind bereits in Tabelle 27 (S. 70) enthalten. Zur Berechnung der Gehaltswerte haben wir folgende Absorptivity-Matrix

$$\begin{vmatrix} -0{,}9204 & 0{,}1910 & 0{,}0458 \\ 0{,}6632 & 2{,}3641 & -0{,}0147 \\ -0{,}0017 & 0{,}1367 & 1{,}4157 \end{vmatrix}$$

Aus den Einwaagen und Meßwerten der Tabelle 27 (S. 70) erhalten wir für die vier Messungen der Analysenprobe folgende Vektoren als rechte Seiten unserer Analysenfunktion ⑤ (S. 69).

Messung	1	2 ⁻	3	4
Vektor	30,977246	30,820589	31,543265	31,696607
	73,964280	73,528330	75,044724	75,539991
	70,459983	73,043155	74,868259	77,406705

Die *Auflösung* dieses Gleichungssystems von 12 Gleichungen mit 3 Unbekannten nach dem Gauß'schen Algorithmus liefert die Gehaltswerte und ihre Standardabweichungen (ohne Berücksichtigung der Fehlerfortpflanzung aus der Eichfunktion). Die Ergebnisse und die theoretischen Werte sind

	I	II	III
gefunden %	26,4 ± 1,0	24,4 ± 0,5	49,9 ± 0,6
berechnet %	26,3	24,6	49,0

Der häufigste Fall einer Mehrkomponentenanalyse ist die *Bestimmung* von *zwei Komponenten*. Für den Fall, daß nicht die Gehaltswerte, sondern nur das Mischungsverhältnis bestimmt werden soll, wurde die Arbeitsweise bereits in IV abgehandelt. Die Ausführung einer Zweikomponentenanalyse entspricht grundsätzlich der Verfahrensweise einer n-Komponenten-Analyse. Oftmals ergeben sich jedoch einige Vereinfachungen, indem man die Absorbance an den ausgewählten Banden im Absorptionsmaximum bestimmen kann. Welch kleine Unterschiede in den Absorptivities noch zu einer Gehaltsbestimmung ausgenutzt werden können, sei am Beispiel einer Mischung zweier Penicillin-Natrium-Salze aufgezeigt.

Durch eine ausführliche Fehlerrechnung an bestimmten und überbestimmten linearen Gleichungen mit zwei Unbekannten wird gezeigt, wie sich — bei einer schlecht konditionierten Absorptivity-Matrix — eine wesentliche Steigerung der Aussageschärfe erreichen läßt, indem man die direkte Gehaltsbestimmung mit einer Verhältnismessung kombiniert.

Beispiel

Es sollen die **Gehaltswerte (in Prozent) an Binotal-Na® (I) und Stapenor-Na® (II) in einer Mischung beider Penicilline (Totocillin®)** bestimmt werden. Die Formeln und Meßbedingungen sind bereits in IV beschrieben. Die Spektren der reinen Penicilline sind in Abbildung 20 dargestellt.

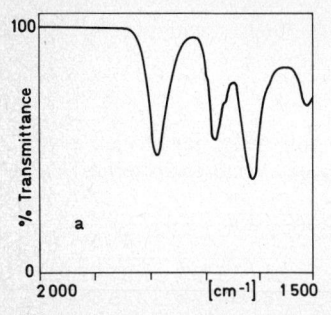

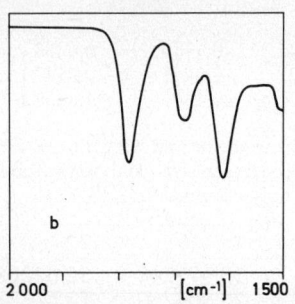

Abbildung 20 a = **Stapenor-Na** 9,764 g/l, b = **Binotal-Na** 9,734 g/l. Alle Messungen wurden in der gleichen Küvette ausgeführt. Die Schichttiefe: 0,0206 cm, Lösungsmittel: 2-Methoxy-äthanol/Tetrachlormethan 1:4

2. Analysenfunktion

Die *Eichung* erfolgt in der üblichen Weise.
Für die Analysenfunktion erhalten wir die Gleichungen

$$\begin{array}{ll} \text{I} & a_{11} \cdot PRZ_1 + a_{12} \cdot PRZ_2 = F_1 \quad \text{(Bande 1780 cm}^{-1}\text{)} \\ \text{II} & a_{21} \cdot PRZ_1 + a_{22} \cdot PRZ_2 = F_2 \quad \text{(Bande 1670 cm}^{-1}\text{)} \end{array}$$
(135)

wobei

$$F_i = \frac{100 \cdot V}{b \cdot n} \sum_1^n \frac{A_i}{E_i}$$

ist.

Die Auflösung von (I) nach PRZ_1 und Einsetzen in (II) gibt

$$PRZ_2 = \frac{a_{11} F_2 - a_{21} F_1}{a_{11} a_{22} - a_{12} a_{21}} \tag{136}$$

Entsprechend erhalten wir

$$PRZ_1 = \frac{a_{22} F_1 - a_{12} F_2}{a_{11} a_{22} - a_{12} a_{21}}. \tag{137}$$

Da die Absorptivities und F-Werte stochastische Veränderliche sind, wollen wir noch die Fehlerfortpflanzung der Eich- und Analysenwerte ins Endergebnis berechnen.

Für die *Varianzen* von PRZ_i gilt

$$s_{PRZ}^2 = \left(s_{a11} \frac{\partial PRZ}{\partial a_{11}}\right)^2 + \left(s_{a12} \frac{\partial PRZ}{\partial a_{12}}\right)^2 + \left(s_{a21} \frac{\partial PRZ}{\partial a_{21}}\right)^2 \tag{138}$$
$$+ \left(s_{a22} \frac{\partial PRZ}{\partial a_{22}}\right)^2 + \left(s_{F_1} \frac{\partial PRZ}{\partial F_1}\right)^2 + \left(s_{F_2} \frac{\partial PRZ}{\partial F_2}\right)^2$$

Mit
$$Z_1 = a_{22} F_1 - a_{12} F_2,$$
$$Z_2 = a_{11} F_2 - a_{21} F_1$$
und (der Determinante) $D = a_{11} a_{22} - a_{12} a_{21}$

erhalten wir für die Varianzen des Prozentgehaltes

$$s_{PRZ_1}^2 = \left(s_{a_{11}} \frac{-Z_1 \cdot a_{22}}{D^2}\right)^2 + \left(s_{a_{12}} \frac{-F_2 \cdot D - (Z_1 \cdot -a_{21})}{D^2}\right)^2 \tag{139}$$
$$+ \left(s_{a_{21}} \frac{-Z_1 \cdot -a_{12}}{D^2}\right)^2 + \left(s_{a_{22}} \frac{F_1 \cdot D - (Z_1 \cdot a_{11})}{D^2}\right)^2$$
$$+ \left(s_{F_1} \frac{a_{22}}{D}\right)^2 + \left(s_{F_2} \frac{-a_{12}}{D}\right)^2$$

und

$$s_{PRZ_2}^2 = \left(s_{a_{11}} \frac{F_2 \cdot D - (Z_2 \cdot a_{22})}{D^2}\right)^2 + \left(s_{a_{12}} \frac{-Z_2 \cdot -a_{21}}{D^2}\right)^2 \tag{140}$$

$$+\left(s_{a_{21}}\frac{-F_1\cdot D-(Z_2\cdot-a_{12})}{D^2}\right)^2+\left(s_{a_{22}}\frac{-Z_2\cdot a_{11}}{D^2}\right)^2$$

$$+\left(s_{F_1}\frac{-a_{21}}{D}\right)^2+\left(s_{F_2}\frac{a_{11}}{D}\right)^2.$$

Ein überbestimmtes, lineares Gleichungssystem der allgemeinen Form

$$a\cdot x_1+b\cdot x_2=c \tag{141}$$

führt man nach der Methode der kleinsten Fehlerquadrate in ein Gleichungssystem über, indem man aus den einzelnen Gleichungen folgende Summen bildet

$$\sum aa\cdot x_1+\sum ab\cdot x_2=\sum ac \tag{142}$$
$$\sum ab\cdot x_1+\sum bb\cdot x_2=\sum bc$$

Für die Varianzen der Summen gilt dann

$$s_{aa}^2=4\cdot\sum_1^n (s_{a_i}\cdot a_i)^2 \tag{143}$$

$$s_{ab}^2=\sum_1^n\left((a_i\cdot s_{b_i})^2+(b_i\cdot s_{a_i})^2\right)$$

$$s_{ac}^2=\sum_1^n\left(a_i\cdot s_{c_i})^2+(c_i\cdot s_{a_i})^2\right)$$

$$s_{bb}^2=4\cdot\sum_1^n (b_i\cdot s_{b_i})^2$$

$$s_{bc}^2=\sum_1^n\left((b_i\cdot s_{c_i})^2+(c_i\cdot s_{b_i})^2\right)$$

Damit haben wir alle Gleichungen, die wir zur Berechnung der Prozentgehalte und ihrer Standardabweichungen benötigen.
Die Ausführung der Bestimmung liefert folgende Zahlenwerte.

Tabelle 29 **Daten zur Aufstellung der Eichfunktion**

Eichung

$b=0{,}0209$ cm; $V=10$ ml

I E (mg)	II E (mg)	A_{1780}	A_{1670}
35,57	67,40	0,348562	0,341725
50,21	50,08	0,349595	0,348499
65,21	35,82	0,250253	0,229554
50,72	50,85	0,223680	0,233817

Die Auflösung des überbestimmten, linearen Gleichungssystems aus den

2. Analysenfunktion

Daten der Tabelle 29 nach dem Gleichungssystem auf S. 74 liefert die Absorptivity-Matrix und die Standardabweichungen der Absorptivities [jeweils in ( ) unter den Absorptivities]

1,6987	1,5793	(Bande bei 1780 cm^{-1})
(0,0231)	(0,0227)	
0,9190	1,2952	(Bande bei 1670 cm^{-1})
(0,0256)	(0,0252)	

Tabelle 30 **Analysendaten einer Dreifachbestimmung**

Probenmessung

$b = 0{,}0209$ cm; $V = 10$ ml; $F_i = \dfrac{100 \cdot V}{b \cdot E} \cdot A_i$

E (mg)	A_{1780}	A_{1670}	A_{1605}	F_1	F_2
98,10	0,342795	0,220880	0,420339	167,19	107,73
98,00	0,339730	0,217600	0,418504	165,87	106,24
98,29	0,342167	0,221926	0,420223	166,56	108,03
	Mittelwert		F	166,54	107,33
	Standardabweichung		s_F	0,66	0,96

Damit erhalten wir zur Berechnung der *Gehaltswerte* die Gleichungen (in Matrizenschreibweise)

$$\begin{vmatrix} 1{,}6987 & 1{,}5793 \\ 0{,}9190 & 1{,}2952 \end{vmatrix} \begin{vmatrix} PRZ_1 \\ PRZ_2 \end{vmatrix} = \begin{vmatrix} 166{,}54 \\ 107{,}33 \end{vmatrix}$$

Die Auflösung nach Gl. **137** u. **138** (S. 73) liefert die Prozentgehalte und die Fehlerrechnung nach Gl. **139** u. **140** (S. 73) die Standardabweichung der Prozentgehalte.

Determinante $= 0{,}74878$
 $PRZ_1 = 61{,}7\% \pm 5{,}4\%$
 $PRZ_2 = 39{,}1\% \pm 5{,}2\%$

Unter Berücksichtigung der kleinen Unterschiede in der Absorptivity der beiden Penicilline könnte man mit dem Ergebnis zufrieden sein. Trotzdem bleibt der Wunsch nach einer exakteren Aussage.
Wir haben im Abschnitt IV (S. 34) bereits das Mengenverhältnis der beiden Penicilline bestimmt, und zwar wesentlich genauer als über die Bestimmung der Gehaltswerte. Außerdem haben wir festgestellt, daß die Eichfunktion über lange Zeiträume konstant bleibt. Wir wollen nunmehr die Bestimmung des Mengenverhältnisses (MV) heranziehen, um eine weitere Bestimmungsgleichung zur Berechnung der Gehaltswerte zu erhalten.

Es ist

$1 \cdot PRZ_1 - MV \cdot PRZ_2 = 0$

VIII. Mehrkomponentenanalyse

Aus dem Verhältnis der Absorbance bei 1670 und 1605 cm^{-1} (Tabelle 30) erhalten wir mit unserer Eichfunktion (s. S. 34) das Mengenverhältnis und seine Standardabweichung

$$MV = 1{,}62 \pm 0{,}0766$$

Da die Absorbance bei 1780 cm^{-1} praktisch nicht zur Differenzierung der beiden Penicilline beiträgt, können wir folgende Analysenfunktion aufstellen [die Standardabweichung der einzelnen Größen ist wieder in ( ) hinzugefügt]

$$\begin{vmatrix} 0{,}9190 & 1{,}2952 \\ (0{,}0256) & (0{,}0252) \\ 1 & -1{,}62 \quad . \\ (0) & (0{,}0766) \end{vmatrix} \begin{vmatrix} PRZ_1 \\ \\ PRZ_2 \end{vmatrix} = \begin{vmatrix} 107{,}33 \\ (\ 0{,}96) \\ 0 \\ (0) \end{vmatrix}$$

Die Auflösung des Gleichungssystems und die Fehlerrechnung liefert

Determinante $= -2{,}783980$
$PRZ_1 = 62{,}4\% \pm 1{,}8\%$
$PRZ_2 = 38{,}6\% \pm 1{,}2\%$

Wenngleich die Absorbance bei 1780 cm^{-1} nicht zur Differenzierung der beiden Penicilline beiträgt, so wird doch mit dieser β-*Lactam-Bande* ein essentieller Teil der Penicillinstruktur erfaßt. Es kann daher durchaus von Interesse sein, auch die Absorbance an dieser Bande zur Gehaltsbestimmung heranzuziehen.

Wir erhalten dann folgendes überbestimmtes Gleichungssystem [in ( ) sind wieder die Standardabweichungen angegeben]

$$\begin{vmatrix} 1{,}6987 & 1{,}5793 \\ (0{,}0231) & (0{,}0227) \\ 0{,}9190 & 1{,}2952 \\ (0{,}0256) & (0{,}0252) \\ 1 & -1{,}62 \\ (0) & (0{,}0766) \end{vmatrix} \begin{vmatrix} PRZ_1 \\ \\ \\ \\ PRZ_2 \end{vmatrix} = \begin{vmatrix} 166{,}54 \\ (\ 0{,}66) \\ 107{,}33 \\ (\ 0{,}96) \\ 0 \\ (\ 0\ ) \end{vmatrix} \quad \begin{matrix} (1780\ cm^{-1}) \\ \\ (1670\ cm^{-1}) \\ \\ (MV) \\ \end{matrix}$$

Die Umformung nach der Methode der kleinsten Fehlerquadrate und die Berechnung der Standardabweichungen nach Gl. 143 (S. 74) gibt

$$\begin{vmatrix} 4{,}7301 & 2{,}2531 \\ (0{,}0915) & (0{,}1016) \\ 2{,}2531 & 6{,}7961 \\ (0{,}1016) & (0{,}2664) \end{vmatrix} \begin{vmatrix} PRZ_1 \\ \\ PRZ_2 \end{vmatrix} = \begin{vmatrix} 381{,}5378 \\ (\ 4{,}9381) \\ 402{,}0304 \\ (\ 4{,}9234) \end{vmatrix}$$

Daraus erhalten wir folgende Gehaltswerte und ihre Standardabweichungen

Determinante $= 27{,}0704$
$PRZ_1 = 62{,}3\% \pm 2{,}4\%$
$PRZ_2 = 38{,}5\% \pm 2{,}4\%$

IX. Auswahl der Geräteparameter

Bei registrierenden IR-Spektrophotometern mit optischem Nullabgleich wird die Intensität des Vergleichstrahls durch Einfahren einer *Kammblende* (Abbildung 21) so weit geschwächt, bis sie der Energie des Probenstrahles entspricht.
Die Qualität eines Spektrums hängt davon ab, wie gut die einzelnen Regelkreise aufeinander abgestimmt sind. Diese sind je nach Art der Anwendung aufeinander abzustimmen. Es ist selbstverständlich, daß die Geräteparameter: Spaltbreite, Verstärkung, Balance, Registriergeschwindigkeit, Zeitkonstante — verschieden sein müssen, wenn man mit höchster Auflösung, größter Geschwindigkeit, oder mit höchster Ordinatengenauigkeit bei größtem Signal-Rausch-Verhältnis registrieren will.

Abbildung 21   Form einer Kammblende*

Für quantitative Messungen benötigt man eine sehr gute Reproduzierbarkeit der Ordinate und ein großes Signal-Rausch-Verhältnis. Die Ordinatengenauigkeit ist im wesentlichen eine Gerätekonstante und ist somit nur bei der Auswahl eines Gerätes relevant.
Die *Auswahlkriterien* für die verschiedenen Geräteparameter zur quantitativen Gehaltsbestimmung werden im Einzelnen beschrieben.

1. Spaltprogramm

Im Abschnitt II (S. 13) wurde gezeigt, welchen Einfluß die Spaltbreite auf die Fehler der Absorbance hat. Für quantitative Messungen gilt:

> Der Spalt soll möglichst groß sein (etwa zwei- bis viermal so groß wie bei der Registrierung eines Übersichtsspektrums). Die Inten-

---

* Wir danken Herrn Dr. CLAUS FREITAG, Fa. Carl Zeiss, Oberkochen, für die freundliche Überlassung des Kammblendenphotos.

sität des zur Messung gelangenden Lichtes nimmt mit dem Quadrat der Spaltbreite zu. Entsprechend kann eine kleine Verstärkung gewählt werden, so daß man ein großes Signal-Rausch-Verhältnis erhält.

Den Spalt können wir vergrößern durch die Wahl eines entsprechenden Spaltprogramms und Spaltprogrammfaktors oder durch Einstellen einer festen Spaltbreite. Mit einem festen Spalt kann man jedoch nur dann arbeiten, wenn im Registrierbereich die spektrale Intensitätsänderung gering ist.

2. Verstärkung

Der richtige Verstärkungsgrad kann durch den sogenannten *Handtest* ermittelt werden. Durch teilweises Abdecken des Meßstrahles wird die Schreibfeder um 20 bis 30% Transmittance ausgelenkt. Gibt man den Meßstrahl wieder frei, so muß die Feder zügig zum Ausgangspunkt zurücklaufen und sollte etwa 1% Transmittance überschwingen.

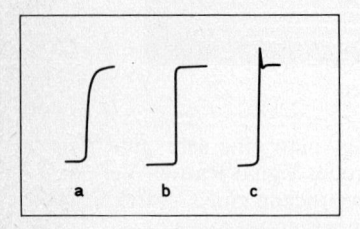

Abbildung 22   Verstärkungseinstellung.
a = Verstärkung zu gering.
b = Verstärkung richtig.
c = Verstärkung zu hoch.

Bei zu geringer Verstärkung kriecht die Feder, bei zu hoher schwingt sie.
Besonders ist darauf zu achten, daß bei einem ungespülten Gerät, wegen der Energieabschwächung, die Verstärkung nicht in den Bereichen der Atmosphärenbanden eingestellt werden darf. Diese Bereiche sind:

3900–3400,   2400–2300,
1900–1600,   1590–1300,
 700– 650 und unterhalb 400 cm^{-1}.

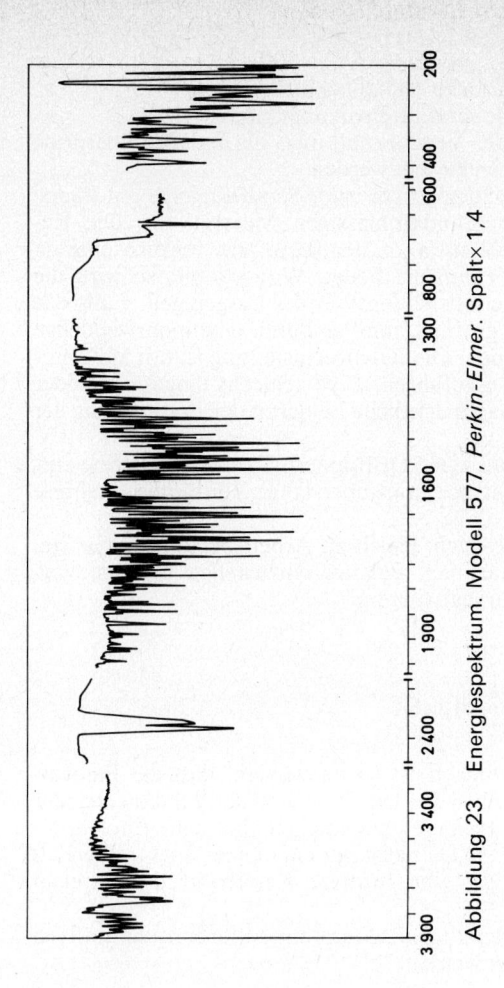

Abbildung 23 Energiespektrum. Modell 577, *Perkin-Elmer*. Spalt× 1,4

3. Balance

Unter Balance versteht man das Verhalten des Verstärkers in dem Bereich, in dem das Referenz- und Probensignal praktisch Null sind. Diese Situation tritt dann ein, wenn z. B. eine starke Lösungsmittelabsorption vorliegt. Sie tritt aber auch — als Folge des optischen Nullabgleichs — ein, wenn eine starke Probenbande (Transmittance nahe 0%) vorliegt und das Referenzstrahlenbündel durch die Kammblende praktisch völlig absorbiert wird.

IX. Auswahl der Geräteparameter

Mit der Balanceregelung gleicht man den Verstärker so ab, daß er keine Drift zeigt, wenn er kein Signal bekommt.
Diese Einstellung ist sehr sorgfältig vorzunehmen.
Nach jeder Änderung der Verstärkung muß die Balance überprüft und gegebenenfalls neu eingestellt werden.
Zur *Prüfung* der Balance deckt man beide Strahlengänge mit Pappe oder einem anderen lichtundurchlässigen Material ab. Die Registrierfeder sollte dabei etwa in der Mitte der Ordinatenskala stehen. Man beobachtet nun die Feder. Wandert sie, so wird die Drift mittels des Balanceeinstellungsknopfes ausgeregelt. Falls das Regelpotentiometer zu grob ist, muß es durch eine mehrwendelige Ausführung ersetzt werden. Die Balanceeinstellung ist mit äußerster Sorgfalt und Geduld auszuführen. Eine schlecht eingestellte oder instabile Balance verursacht deutliche Fehler in der Bestimmung der Absorbance.
Es ist sicherzustellen, daß keine Drift innerhalb einer Meßreihe auftritt. Das heißt: Die Balance muß über lange Zeiträume (mehrere Stunden) stabil sein.
In der Praxis bewährt es sich, gleich zu Arbeitsbeginn die Geräteparameter Spalt, Verstärkung, Balance einzustellen und die Veränderung der Balance zu registrieren.

4. Registriergeschwindigkeit

Die Registriergeschwindigkeit ist so zu wählen, daß die Bandenspitzen exakt ausgeschrieben werden. Sie ist von der Verstärkung, der Zeitkonstanten und der Federgeschwindigkeit abhängig. Ein Durchschnittswert ist $1,3 \text{ cm}^{-1}/\text{s}$. Da meist nur ein kleiner Spektralbereich registriert wird, resultiert eine mittlere Registrierzeit von etwa 5 Minuten pro Probe.
Die *automatische* Geschwindigkeitsdämpfung sollte bei quantitativen Messungen *nicht* benutzt werden.

5. Abszissenspreizung

Bei sehr schmalen Banden sollte man die Möglichkeit vieler Geräte nützen, die Abszisse zu spreizen. Die Spreizung wird so gewählt, daß die Banden merklich breiter als die Strichstärke der Feder werden. Man kann dann die Absorbance im Absorptionsmaximum wesentlich genauer bestimmen.

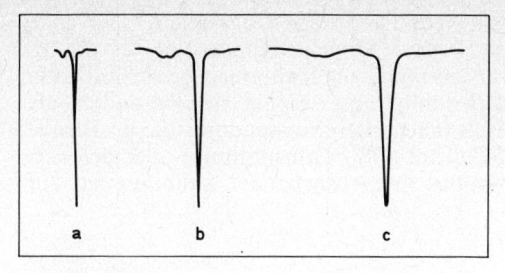

Abbildung 24   C≡N-Bande bei 2234 cm^{-1}.
a = Abszisse normal.
b = Spreizung ×3.
c = Spreizung ×6

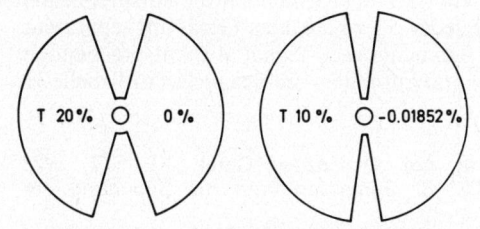

Abbildung 25   Sektorblenden zur Justierung der Transmittance-Skala. Die Spektorblenden sind optische Präzisionsstandards, die mit äußerster Sorgfalt zu behandeln sind

6. Null- und 100-Prozentlinie

Vor jeder Meßreihe muß die Federposition für 0% und 100% Transmittance überprüft werden. Die Überprüfung und Einregulierung erfolgt jeweils bei der Wellenzahl des Absorptionsmaximums der ausgewählten Analysenbande.

100%-Linie: Beide Strahlengänge sind frei. Die Registrierfeder wird auf etwa 98% Transmittance durch Regulieren am 100% Einstellknopf gebracht.

0%-Linie: Man deckt ganz langsam den Probenstrahlengang ab und prüft, ob sich die Feder auf 0% Transmittance einstellt. Die Feder darf nicht überschwingen. Durch Drehen des 0%-Knopfes wird die Feder auf 0% Transmittance eingestellt.

Bei dieser Vorgehensweise muß das Probenstrahlbündel sehr langsam abgedeckt werden, da wir im abgeglichenen Zustand die „Balance-Situation" haben. Zuverlässiger ist daher ein Einstellverfahren, bei dem man zunächst bei ungestörten Strahlenbündeln die Feder auf

100 % Transmittance einstellt und dann eine rotierende Sektorblende in das Probenstrahlbündel bringt. Solche Blenden gibt es in Abstufungen von 10% Transmittance zur Kalibrierung der Ordinate. Zur Festlegung des Skalennullpunktes eignet sich besonders die Blende für 10% Transmittance. Bei Verwendung dieser Blende stellt man die Schreibfeder auf 10% Transmittance oder bei Verwendung eines Papieres, das in „Absorbance" kalibriert ist, auf 1,00 Absorbance.

7. Kalibrierung der Ordinate

Von Zeit zu Zeit sollte die Linearität der Ordinate überprüft werden. Hierzu mißt man mit einem Satz Sektorblenden die entsprechende Auslenkung der Registrierfeder oder bei einem Gerät mit separatem Analogausgang für das Transmittance-Signal die entsprechenden Spannungen mit einem Digitalvoltmeter. Ein Beispiel ist in Tabelle 31 gegeben.

Tabelle 31 **Kalibrierung der Ordinate.** Gerät: PE 577, WZ: 2000 cm^{-1}, Spalt: N, TC: 8. Gemessen wird die Spannung am 1-Volt-Ausgang

% T (×)	mV y_{beob}	y_{ber}	% T beob	Δ % T
100	949	941,2	99,2	−0,8
90	851	846,1	89,5	−0,5
80	748	751,0	80,3	0,3
70	653	655,9	70,3	0,3
60	555	560,8	60,6	0,6
50	459	465,8	50,7	0,7
40	365	370,7	40,6	0,6
30	275	275,6	30,1	0,1
20	185	180,5	19,5	−0,5
10	93	85,4	9,2	−0,8

Aus den Daten der Tabelle 31 erhält man die Ausgleichsgerade

$y = -9,7280 + 9,5096\, x$.

Die Rückrechnung liefert die Werte y_{ber}.
Die Skalentransformation der Spannungswerte (in mV) nach % Transmittance erfolgt nach

$$\% T = x \left(\frac{y_{ber} - y_{beob}}{y_{beob}} + 1 \right)$$

Die Standardabweichung (mit 8 Freiheitsgraden) der Ordinate beträgt 0,63% Transmittance.

8. Filterwechsler

Streustrahlung und bei Gittergeräten Störstrahlung aus Spektren anderer Ordnung werden durch Filter unterdrückt. Die benötigten Filter sind zumeist auf einer Drehscheibe angeordnet. Die Position der Drehscheibe ist mit dem Monochromatorantrieb gekoppelt. Die Signale für den Filterwechsler können, insbesondere bei einer Steuerung über Mikroschalter, im Vor- und Rücklauf bei verschiedenen Wellenzahlen gegeben werden.
Wenn die ausgewählte Meßbande im Bereich eines Filterschaltpunktes liegen, ergeben sich folgende *Fehlerquellen:*

1. Da die benachbarten Filter nicht nahtlos übereinstimmen, entsteht ein Sprung in der Registrierkurve. Daraus ergeben sich Fehler in der Bestimmung der Absorbance.
2. Die Schaltstellen der Filter sind im Vor- und Rücklauf unterschiedlich, was bewirkt, daß z.B. bei Messung 1 Filter A eingeschaltet ist, nach dem Rücklauf aber bei Messung 2 Filter B. Dadurch wird die Bande verzerrt, wodurch sich Fehler in der Bestimmung der Absorbance ergeben.

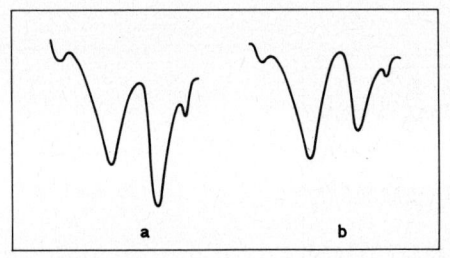

Abbildung 26   Polystyrolspektrum im Bereich 1120–990 cm^{-1}.
a = Normales Spektrum.
b = Falsches Filter nach Rücklauf

Die Fehler durch den Filterwechsler lassen sich *vermeiden*, indem man nach jeder Messung den Monochromator soweit (z.B. bis 2000 cm^{-1}) zurücklaufen läßt, daß man sicher ist, daß der Filterwechsler zuverlässig angesteuert wird. Dann wird im Schnellauf bis zum Beginn des Meßbereiches registriert. Wesentlich zuverlässiger und zeitsparender ist jedoch der Einbau eines Schalters, womit man den Antrieb des Filterwechslers abschalten kann. Man wählt dann das Filter für den gesamten Registrierbereich, das bei normalem Betrieb den größten Teil dieses Bereiches überstreicht.

X. Auswahl der Küvetten

Eine ausführliche Zusammenstellung der Eigenschaften und Anwendungsbereiche von *Fenstermaterialien* gibt Tabelle 32. Die gebräuchlichsten Fenstermaterialien für quantitative Bestimmungen sind NaCl (bis 650 cm^{-1}) oder KBr (bis 400 cm^{-1}). Wenn die zu analysierenden Substanzen nur in aggressiven Lösungsmitteln, die NaCl oder KBr angreifen, ausreichend löslich sind, besteht der Wunsch, andere Fenstermaterialien einzusetzen. Das ist jedoch nur bedingt möglich. Bei Materialien, die ein großes Reflexionsvermögen aufweisen, treten starke Energieverluste auf, wodurch sich das Signal/Rausch-Verhältnis verschlechtert. Auch verschwinden die starken Interferenzlinien solcher Küvetten nicht beim Füllen mit einer Lösung. Abhilfe kann hier nur geschaffen werden, indem man eine Oberflächenvergütung aufdampfen läßt. Solche Vergütungen sind jedoch nur in einem engen Spektralbereich wirksam. Dieses Verfahren kommt demnach nur für spezielle Anwendungen in Betracht, da sonst die Zahl der benötigten Küvetten ins uferlose wachsen würde.

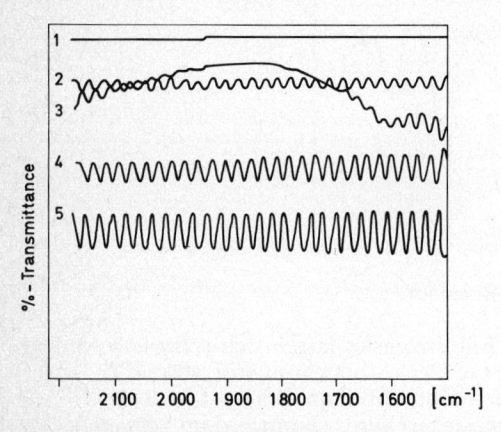

Abbildung 27 Optisches Verhalten verschiedener Küvettenmaterialien.
1 Luft gegen Luft
2 0,02 cm NaCl-Küvette gegen Luft
3 0,02 cm Si-Küvette, vergütet gegen Luft
4 0,02 cm IRTRAN-2-Küvette gegen Luft
5 0,02 cm Si-Küvette (ohne Vergütung) gegen Luft

X. Auswahl der Küvetten

Tabelle 32 Eigenschaften von Fenster und Preßlingmaterialien
(Entnommen: *G. Kemmner.*)

Material	Mol. Gew.	Reflexionsverlust[3] (%)	Brechungsindex bei 2 µm	10 µm	20 µm	40 µm	Durchlässiger Bereich[4] (µm)
Infrasil[1] (SiO_2)	60,06	6	1,44				0,2 ... 4,5
Irtran[2]-1 (MgF_2)	62,32	5	1,37	1,26 (8 µm)			0,5 ... 9
Irtran[2]-2 (ZnS)	97,45	30	2,26	2,20	2,15 (13 µm)		0,7 ... 14,5
Irtran[2]-3 (CaF_2)	78,08	10	1,42	1,30			<0,4 ... 11,5
Irtran[2]-4 (ZnSe)	144,34	30	2,47	2,41	2,62		0,5 ... 22
Irtran[2]-5 (MgO)	40,32	12	1,70	1,48 (8 µm)			0,25 ... 9,5
Irtran[2]-6 (CdTe)	240,0	30	2,71	2,67			1,5 ... 31
Saphir (Al_2O_3)	101,94	12	1,74				0,17 ... 6,5
As_2S_3	264,02	28,5	2,43	2,38			0,6 ... 11,5
KRS-5 (TlBr/TlJ)	—	28,4	2,39	2,37	2,34	2,21	0,5 ... 40
Se	78,96	29,7	2,4				1 ... (30)
Ge	72,60	52,9	4,10	4,00			1,8 ... (23)
Si	28,09	46,1	3,45	3,42			1,2 ... 50
Diamant (C)	12,01		(2,4 Sichtb.)				0,25 ... 80
Polyäthylen	—						
LiF	25,94	4,4	1,38				0,12 ... 9
CaF_2	78,08	5,6	1,42	1,3			0,13 ... 12
BaF_2	175,36	7,7	1,46	1,42			0,15 ... 15
NaCl	58,45	7,5	1,53	1,49	1,37		0,21 ... 26
KCl	74,55	6,8	(1,48)				0,21 ... 30
AgCl	143,34	19,5	2,00	1,98	1,91		0,4 ... 30
TlCl	239,85	21,8	(2,2)				0,44 ... 34
AgBr	187,80	20	(2,2)				(0,5) ... 40
KBr	119,01	8,4	1,54	1,53	1,49		0,23 ... 40
TlBr	284,31	29,0	(2,3)				0,44 ... 40
KJ	166,02	10,6	1,63	1,62	1,60		0,38 ... 42
CsBr	212,83	11,6	1,67	1,66	1,64	1,56	0,22 ... 55
CsJ	259,83	13,6	1,75	1,74	1,73	1,69	0,24 ... 70

[1]) Eingetragenes Warenzeichen der Fa. Heraeus.
[2]) Eingetragene Warenzeichen der Fa. Eastman Kodak. Das polykristalline Material ist heiß gepreßt und gesintert.

X. Auswahl der Küvetten

Fortsetzung von Tabelle 32

Praktisch nutzbarer Bereich für Fenster (F) und Preßlinge (P)	Löslichkeit in Wasser (g/100 ml)		Bemerkungen
0,2... 4 (F)	nicht lösl.	[5]	Bande bei 2,8 µm minimal. Sehr widerstandsfähig. Empfindlich gegen Alkaliverbindungen.
1... 7,5 (F)	0,008 (18°C)	[5]	Bräunlich-grün, durchsichtig. Banden. Temperaturbeständig bis über 800°C. Praktisch unlöslich in Säuren und Basen.
1,5... 13,5 (F)	nicht lösl.	[5]	Gelb, durchscheinend. Banden $\lambda > 10$ µm. Temperaturbeständig bis über 800°C. Löslich in Säuren. Angriff durch starke Basen.
0,4... 10 (F)	0,0016 (18°C)	[5]	Leicht milchig. Beständig: $-200°C$ bis $1000°C$. Löslich in Ammoniumsalzlösung; wenig löslich in Säuren.
1... 20 (F)	nicht lösl.	[5]	Bräunlich-gelb, durchsichtig. Banden. Temperaturbeständig bis 300°C in Luft. Löslich in Säuren.
0,5... 7,5 (F)	0,009 (30°C)	[5]	Leicht milchig. Löslich in Säuren und Ammoniumsalzlösung.
2... 28 (F)	nicht lösl.	[5]	Schwärzlich-trüb. Unlösl. in Säuren außer HNO_3 (Zers.)
... 5 (F)	nicht lösl.	[5]	Extrem hart, daher schwierig zu schleifen. Praktisch unlöslich in Säuren und Basen.
... 11 (F)	nicht lösl.	[5]	Banden. Relativ weich. Löslich in Basen u. Alkohol.
... 38 (F)	0,05 (20°C)	[5]	Giftig. Weich (kaltfließend unter Druck). Löslich in Alkohol, HNO_3, Königswasser.
1... 19 (F)	nicht lösl.	[5]	Banden bei 13 u. 20 µm. Amorphe u. 3 kristall. Modifikationen. Vorsicht, Umwandl. bei Zimmertemp. – Geeignet für Polarisatoren.
2... (23) (F)	nicht lösl.	[5]	Banden 16–36 µm. Praktisch unlösl. in Säuren und Basen. Löslich in heißer Schwefelsäure und Königswasser.
1,5... > 50 (F)	nicht lösl.	[5]	Banden. Nur löslich in Mischung HF/HNO_3. Temperaturbeständig.
... 80 (F)	nicht lösl.	[5]	Banden (versch. Diamanttypen). Temperaturbeständig. Druckbeständig. Nicht lösl. in Säuren u. Basen.
16 ... >200 (F) 14 ... >200 (P)	nicht lösl.	[5]	Banden. Lineares Niederdruck-Polyäthylen vorzuziehen. Kann quellen. Geeignet für Polarisatoren.
... 6,5 (F)	0,27 (18°C)		Löslich in Säuren.
... 8 (F)	0,0016 (18°C)	[5]	Lösl. in Ammoniumsalzlösg. Wenig lösl. in Säuren.
... 12 (F)	0,17 (10°C)	[5]	Löslich in Säuren und Ammoniumsalzlösung.
... 16 (F)	35,7 (0°C)		Wenig löslich in Alkohol.
... 25 (P)			
... 28 (F)	34,7 (20°C)		Wenig löslich in Alkohol.
... 25 (F)	nicht lösl.	[5]	Löslich in wssr. NH_4OH, $Na_2S_2O_3$ und KCN. Weich. Lichtempfindlich. Empfindlich gegen weniger edle Metalle. Geeignet für Polarisation.
... 30 (P)			
... 30 (P)	0,32 (20°C)		Giftig. Weich (fließt unter Druck).
... 35 (F)	nicht lösl.	[5]	Wenig lösl. in NH_4OH, weniger lichtempf. als AgCl. Sonst wie AgCl.
... 27 (F)	53,48 (0°C)		Löslich in Alkohol. Hygroskopisch.
... 40 (P)			
... 50 (P)	0,05 (25°C)		Giftig. Weich, biegsam. Löslich in Alkohol.
... 48 (P)	127,5 (0°C)		Löslich in Alkohol. Hygroskopisch.
... 40 (F)	124,3 (25°C)		Weich. Hygroskopisch.
... > 50 (P)			
... 50 (F)	44,0 (0°C)		Weich. Hygroskopisch. Löslich in Alkohol.
... > 50 (P)			

[3]) Bezogen auf zwei Oberflächen.
[4]) Gilt bei 10% Transmittance für 9 mm Schichtdicke.
[5]) Verwandbar für wäßrige Lösungen.

Eine andere Möglichkeit, solche Lösungsmittel zu verwenden, besteht darin, daß man die aggressiven Lösungsmittel mit harmlosen Lösungsmitteln (z.B. Tetrachlormethan, Chloroform, Dichlormethan ...) mischt. Auf diese Weise ist es möglich, Lösungsmittel mit außergewöhnlichem Lösungsverhalten, wie z.B. 2-Methoxy-äthanol, Dimethylsulfoxid und andere, anzuwenden.

Für quantitative IR-Messungen verwendet man üblicherweise Küvetten mit *Schichttiefen* von 0,01 bis 0,1 cm. Küvetten mit einer Schichttiefe unter 0,01 cm lassen sich schlecht reinigen, auch führt die mechanische Beanspruchung, vor allem im Routinebetrieb, leicht zum Reißen der Fenster. Bei Schichttiefen größer als 0,1 cm nimmt die Zahl der Absorptionsbereiche der Lösungsmittel zu, da bereits die Obertöne der Absorptionsschwingungen sichtbar werden.

Konzentration und *Schichttiefe* sind so zu wählen, daß die Absorbance zwischen 0,3 und 0,6 liegt, da in diesem Bereich der relative Fehler der Absorbance ein Minimum hat (S. 11). Das Volumen der Meßlösung wählen wir im allgemeinen zu 10 ml und die Schichttiefe, wenn irgend möglich, zu 0,02 cm.

Beispiel zur Bestimmung von Schichttiefe und Konzentration. Die Absorptivity (a) der zu bestimmenden Substanz sei 1,84. Für die Absorbance (A) wählen wir einen Wert von 0,45 und aufgrund von Lösungsversuchen eine Konzentration (c) von 10 g/l. Dann ist

$$b = \frac{A}{a \cdot c}; \qquad b = \frac{0,45}{1,84 \cdot 10}; \qquad b = 0,0245 \text{ cm}.$$

Da wir Küvetten dieser Schichttiefe nicht vorrätig haben, wohl aber solche von 0,0200 cm, wählen wir diese und verändern die Konzentration. Es ist

$$c = \frac{0,45}{1,84 \cdot 0,02}; \qquad c = 12,23 \text{ g}/l.$$

1. Paarigkeit der Küvetten

Üblicherweise werden die Absorptionsbanden des Lösungsmittels einer Lösung durch eine mit reinem Lösungsmittel gefüllte Küvette im Vergleichsstrahl kompensiert. Dabei muß die Schichttiefe der Probenküvette größer sein als die der Vergleichsküvette. Die Differenz der Schichttiefen hängt von der Probenkonzentration ab. Sie ist um so größer, je höher die Probenkonzentration ist. Grundsätzlich kann die Lösungsmittelabsorption mittels einer Küvette mit variabler Schichttiefe kompensiert werden. Diese Methode ist für Serienmessungen jedoch zu aufwendig und zeitraubend. Man bevorzugt im allgemeinen paarige Küvetten mit fester Schichttiefe, die aber entsprechend der Konzentration der Probenlösung zusammengestellt werden. Wird z.B. eine 1-prozentige Lösung gemessen in einer Probenküvette mit 0,0200 cm Schichttiefe, so sollte die Schichttiefe der Vergleichsküvette 0,0198 cm betragen, bei einer 6-prozentigen Lösung allerdings nur 0,0188 cm. Paarigkeit bedeutet also nicht, daß die Schichttiefen so gleich wie irgend möglich sind.

Solange in Bereichen gemessen wird, in denen das Lösungsmittel nicht absorbiert, kann die Schichttiefendifferenz zwischen Proben- und Vergleichsküvette vernachlässigt werden. Bei Messungen im Bereich einer Lösungsmittelbande, können durch Inkompensation erhebliche Fehler auftreten, vor allem dann, wenn die Konzentration der Standardlösung wesentlich von der Konzentration der Probelösung abweicht. Es tritt dann ein gerichteter Fehler auf, der nicht durch die Fehlerstatistik erfaßt wird.

2. Küvettenbau

Die Einzelteile einer abgedichteten Flüssigkeitsküvette sind: Bodenplatte, Gummiunterlage, Bodenfenster (ungebohrt), Bleidistanzscheibe, Deckfenster (gebohrt), Bleidichtung (gebohrt), Deckplatte mit zwei Einfüllstutzen. Eine Übersicht der Einzelteile gibt Abbildung 28 (S.89).

Zum Bau einer Küvette legt man eine geschliffene Glasplatte, die etwa die Größe 20 cm · 15 cm · 0,8 cm hat, in eine flache Schale aus einem nichtmetallischen Material. Die Schale dient zum Auffangen des Quecksilbers, das zur Amalgamierung der Bleischeiben benötigt wird. Auf die Bodenplatte der Küvette wird die Gummiunterlage und darauf das Bodenfenster gelegt. Nunmehr legt man die Bleidistanzscheibe und die gebohrte Bleidichtung auf die Glasplatte und benetzt beide mit Quecksilber. Dann wickelt man einen weichen Lederlappen um den Zeigefinger und verreibt das Quecksilber vorsichtig jeweils auf beiden Seiten der Bleischeiben. Diese Arbeit muß schnell ausgeführt werden, denn die Scheiben dichten nur dann, wenn ihre Oberflächen beim Zusammensetzen metallisch spiegeln und noch keine Flecken aufweisen. Von der Distanzscheibe wird das überschüssige Quecksilber abgestreift. Dann drückt man die Distanzscheibe auf das Bodenfenster und legt der Reihe nach darauf, das Deckfenster, die gebohrte Bleidichtung und die Deckplatte. Dabei müssen die Bohrungen übereinanderliegen. Um das zu erreichen steckt man durch die Einfüllstutzen und Bohrungen je eine Metallnadel. Man verhindert auf diese Weise sicher ein Verschieben

2. Küvettenbau

Deckplatte mit Einfüllstutzen

Bleidichtung, gebohrt

Deckfenster, gebohrt

Bleidistanzscheibe

Gummiunterlage

Bodenplatte

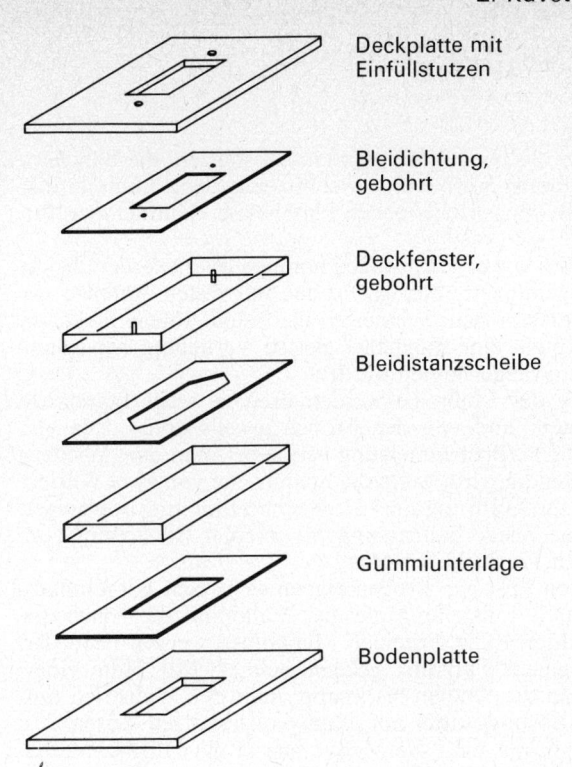

Abbildung 28 Einzelteile einer abgedichteten Flüssigkeitsküvette

der einzelnen Teile. Jetzt setzt man die vier Schrauben ein und zieht diese vorsichtig mit einem Schraubendreher über Kreuz gleichmäßig an. Hier lohnen sich Geduld und Feingefühl, denn die Fenstermaterialien springen sehr leicht.

Die fertigen Küvetten sollten nicht sofort benutzt werden, da sie noch sehr empfindlich sind. Man läßt sie bis zum nächsten Tag liegen, bestimmt durch Ausmessen der Interferenzen die Schichttiefe und kann jetzt die Küvetten zur Gehaltsbestimmung einsetzen.

XI. Probenpräparation

Zunächst werden die benötigten Standardsubstanzen, die üblicherweise im Kühlschrank aufbewahrt werden, aus dem Kühlschrank genommen und in der verschlossenen Flasche auf Raumtemperatur erwärmt.

Die Proben müssen vor dem Einwägen homogenisiert werden. Feste Proben werden gemörsert, flüssige Proben mit festen Anteilen im Wasserbad aufgeschmolzen. Schmelzen die festen Anteile nicht, so muß durch Schütteln eine möglichst gleiche Verteilung der festen Anteile für die Einwaagen erzielt werden.

Je nach Umfang der Meßreihe werden drei bis sechs Standardlösungen hergestellt und von den Proben jeweils drei Lösungen. Durch eine dreifache Probenmessung vermeidet man eine Wiederholung, die notwendig wird, wenn die Spannweite von zwei Werten zu groß ist. Die Durchführung einer Dreifachbestimmung ist weniger aufwendig als eine Wiederholmessung mit erneuter Herstellung von Standardlösungen, Gerätekalibrierung etc.

Zur Einwaage von flüssigen Proben eignen sich recht gut Einmalpipetten, die durch Einstellung gleicher Volumina die Einwaage wesentlich erleichtern. Die einzelnen Meßkolben werden nach der Einwaage (mit einem Fettstift) gekennzeichnet. Mit Hilfe einer Dispette füllt man die Kolben bis knapp unter den Eichstrich mit dem gewählten Lösungsmittel auf. Zum vollständigen Lösen des Probenmaterials bringt man die Meßkolben in ein Ultraschallbad und beschallt sie zwei bis fünf Minuten. Die Anwendung von Ultraschall hat sich zum Lösen der Proben oder zum Ablösen von inertem Trägermaterial sehr bewährt.

Da das Ablösen von inertem Trägermaterial einem Verteilungsschritt entspricht, muß man die gleiche Menge des reinen Trägers, die in der Probe enthalten ist, auch den Standardlösungen zusetzen. Sonst ergeben sich Mindergehalte der Proben.

In einigen Fällen ist jedoch schütteln vorteilhafter. Man verwendet dann zweckmäßigerweise eine Schüttelmaschine und schüttelt fünfzehn bis zwanzig Minuten lang. Dann werden die Meßkolben für etwa fünfundvierzig Minuten in einen auf die Eichtemperatur der Kolben (20 °C) einregulierten Thermostaten gestellt. Anschließend füllt man mit einer Meßpipette die einzelnen Kolben mit dem entsprechenden Lösungsmittel zur Eichmarke auf. Wichtig ist hierbei, daß sowohl die Standard- als auch die Probenlösungen von der gleichen Person aufgefüllt werden. Andernfalls ist mit gerichteten Volumenfehlern zu rechnen.

XII. Registrieren

Vor Beginn einer Meßreihe werden die Spektren der ausgewählten Küvetten im interessierenden Spektralbereich (z. B. von 1500—700 cm^{-1}) gegen Luft registriert. Werden in einem Labor überwiegend quantitative Bestimmungen ausgeführt, registriert man zweckmäßigerweise sämtliche für das Tagesprogramm vorgesehenen Küvetten zu Beginn des Tages, während die ersten Einwaagen ausgeführt werden. Aus den Interferenzen berechnet man die Schichttiefe nach Gl. **8** (S. 8). Gleichzeitig erkennt man, ob die 100%-Transmittance-Linie in Ordnung ist, bzw. die Küvette infolge eines Belages in einigen Spektralbereichen absorbiert.

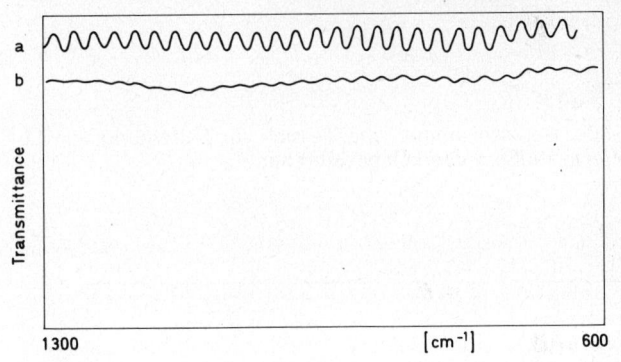

Abbildung 29 Kontrolle der Schichttiefe und optischen Reinheit einer Küvette:
a = Küvette in Ordnung
b = Küvette mit Belag

Aufgrund der Schichttiefenüberprüfung und Kontrolle der optischen Reinheit erkennt man, ob die Paarigkeit der Küvetten noch gegeben ist und ob die Küvetten noch im vorgesehenen Spektralbereich eingesetzt werden können.

Zum Trocknen werden feuchte Proben, nachdem die Meßkolben bis zur Eichmarke aufgefüllt wurden, mit wasserfreiem Natriumsulfat versetzt und gut durchgeschüttelt. Nach Einstellung der Geräteparameter wird die zu messende Lösung in die Küvette gefüllt. Dazu zieht man mit einer Glasspritze die Lösung aus dem Meßkolben und füllt sie so in die Küvette, daß keine Luftblasen in der Küvette verbleiben. Danach verschließt man sofort die beiden Einfüllstutzen mit Teflonstopfen. Nunmehr wird die Küvette von außen

XII. Registrieren

sehr sorgfältig mit Lösungsmittel abgespült und anschließend in einer Gebläsekammer von Lösungsmittelresten befreit.

Abbildung 30   Gebläsekammer, wie sie sich zur Entfernung von Lösungsmittelresten außerordentlich bewährt hat

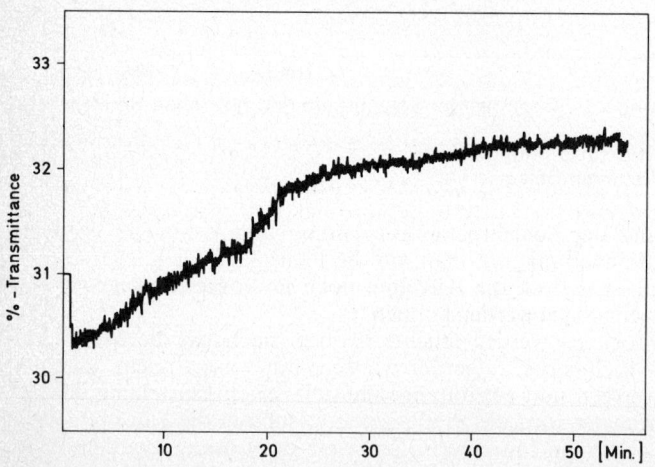

Abbildung 31   Verringerung der Absorbance mit zunehmender Temperatur der Lösung. Die Messung erfolgte an der CO-Bande von Milchsäure-äthylester, gelöst in CCl_4

Die Küvette wird dann in den Meßstrahl des Gerätes gebracht und sofort die Messung begonnen. Innerhalb einer Meßreihe ist darauf zu achten, daß die Messung unmittelbar nach dem Einsetzen der Küvette ins Gerät gestartet wird, denn durch Erwärmung im Strahlenbündel verringert sich die Konzentration der Lösung, und die Absorbance nimmt entsprechend ab. Werden Proben und Standardlösungen im gleichen Rhythmus gemessen, treten keine Fehler auf.
Muß jedoch eine Messung wiederholt werden, so ist es notwendig, die Küvette wieder abzukühlen, was am einfachsten in der Gebläsekammer geschieht.
Die Vergleichsküvette, die mit dem reinen Lösungsmittel gefüllt ist, bleibt während der gesamten Meßreihe im Gerät. Allerdings muß man immer wieder kontrollieren, ob die Küvette noch vollständig gefüllt ist. Eine teilweise ausgelaufene Vergleichsküvette verursacht falsche Meßergebnisse.

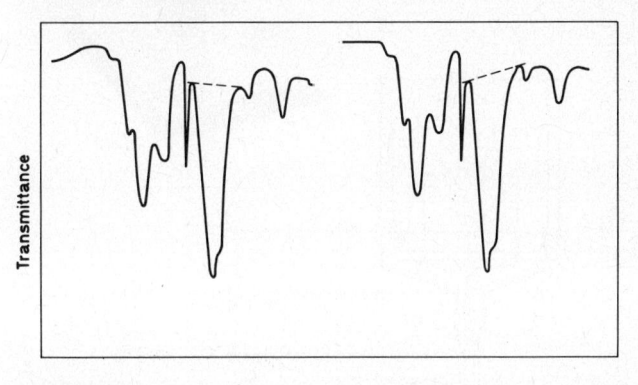

Abbildung 32   Veränderung des Spektrums bei einer teilweise ausgelaufenen Vergleichsküvette. Im links abgebildeten Spektrum ist die Vergleichsküvette teilweise ausgelaufen. – – – – Basislinie

Enthalten die Lösungen ungelöste Anteile, so füllt man die Lösung über ein Spezialfilter, das Verdunstung des Lösungsmittels sicher ausschließt, in die Küvette (Abbildung 33). Zwischen die beiden Filterteile wird ein Rundfilter (z. B. BF ⌀ 2,7 cm Schleicher & Schüll) eingelegt. Die beiden Teile werden fest verschraubt und das Filter auf den Einfüllstutzen der Küvette gesetzt.
Mit einer Glasspritze zieht man die trübe Lösung auf und drückt die Lösung durch das Filter in die Küvette. Sind die ungelösten Teilchen sehr fein, wird die Lösung kurz vor dem Einfüllen kräftig durchgeschüttelt.

XII. Registrieren

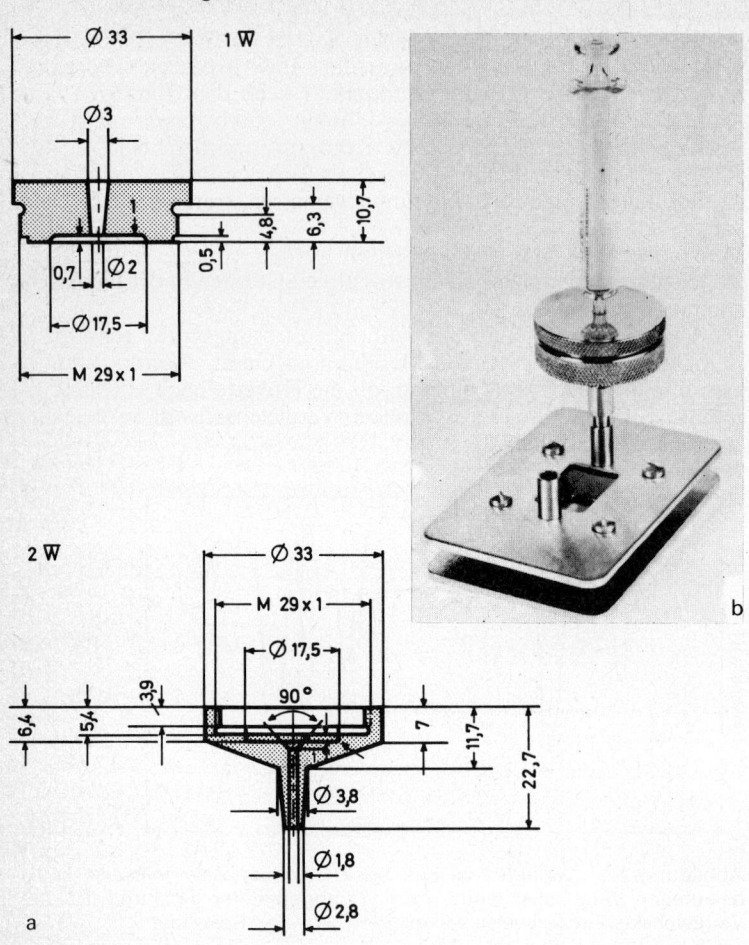

Abbildung 33 Mikrofilter.
a = Konstruktionszeichnung.
1 = Oberteil, 2 = Unterteil, Werkstoff V4A. b = Anwendung des Filters

Nicht jedes Lösungsmittel, das zum Registrieren eines Spektrums geeignet ist, kann ohne weiteres zum Spülen der Küvetten benutzt werden, teils weil die Handhabung unangenehm ist (Schwefelkohlenstoff) oder die Verdampfungswärme beträchtlich ist (Dichlormethan). Im letzteren Fall beschlagen und reißen die Küvettenfenster sehr leicht. Für unseren Zweck sehr gut geeignete Lösungsmittel sind z. B. Chloroform, Tetrachlormethan, Hexan ...

Besondere Vorsicht ist jedoch geboten, wenn das zum Spülen benutzte Lösungsmittel im Meßbereich der Proben absorbiert. Dann verursachen kleinste Restmengen dieses Lösungsmittels große Fehler in der Absorbance.

Eine für den Routinebetrieb außerordentlich nützliche Einrichtung zum Füllen und Spülen der Küvette ist in Abbildung 33c skizziert. Die üblicherweise zum Verschließen der Küvette benutzten Teflonstopfen wurden mit einer Bohrung versehen, in die die Hülsen der Nadeln von Einmalspritzen eingesteckt werden können. Auf die Nadeln wird ein Teflonschlauch geschoben. Ein Schlauchende wird an ein Vakuumsystem angeschlossen, das andere in die einzufüllende Lösung getaucht. Innerhalb einer Meßreihe kann die Küvette jeweils mit der nachfolgenden Meßlösung gespült werden. Hierzu müssen 5—8 ml der Lösung durchgesaugt werden.

Das System ist widerstandsfähig gegen Chlorkohlenwasserstoffe, Dimethylsulfoxid, Methanol, Äthanol, Aceton, Heptan u.v.a. In Verbindung mit einem üblichen Probengeber ist es voll automatisierbar. Da der Probenraum des Gerätes während der Befüllung der Küvette geschlossen bleiben kann, ist es wesentlich einfacher, das Gerät wasserdampffrei zu halten, wodurch Messungen in Wasserbandengebieten erleichtert werden.

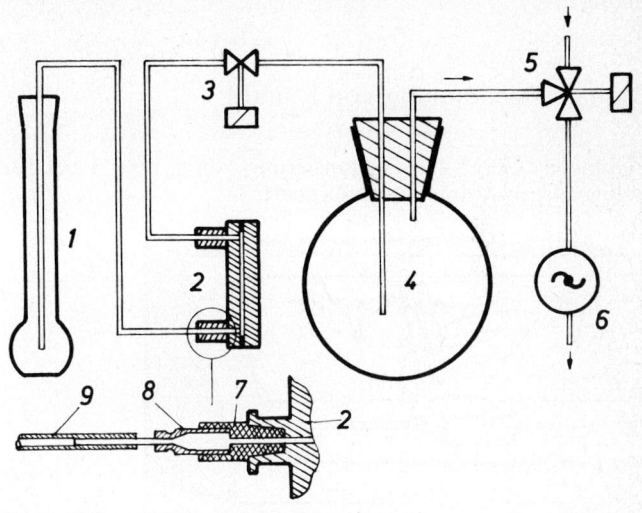

Abbildung 33c Prinzipskizze einer Vorrichtung zum automatischen Befüllen von Küvetten.
1= Meßkolben, 2= Küvette, 3= Magnetventil aus V4A mit Teflondichtung, 4= Auffangkolben, 5= 3-Weg-Magnetventil, 6= Saugpumpe, 7 = aufgebohrter Teflonstopfen, 8 = Injektionsnadel, 9 = Teflonschlauch. Nach dem Ansaugen wird Ventil 3 geschlossen, wodurch ein Auslaufen der Küvette verhindert wird. Gleichzeitig wird der Auffangkolben 4 belüftet

XIII. Auswertetechnik

Die Registrierung des Absorptionsspektrums erfolgt üblicherweise in % Transmittance. Entsprechend der gewählten Basislinie wird I_0 und im Absorptionsmaximum I (in % T) bestimmt. Daraus errechnet sich die Absorbance als $A = \log(I_0/I)$. Die einfachste Art I_0 und I zu bestimmen besteht darin, die Strecken mit einem Lineal auszumessen. Für Serienuntersuchungen ist dieses Verfahren jedoch zu zeitaufwendig, auch schleichen sich gerne Ablesefehler des Lineals oder Schreibfehler ein.

Wesentlich schneller und exakter ist die digitale Messung der Strecken und Ausgabe der Werte auf einem zur Weiterverarbeitung geeigneten Datenträger (z. B. Drucker, Lochstreifen).

Ein bewährtes Verfahren, das besonders in der Routineanalytik viele Vorteile bietet, ist die digitale Registrierung der benötigten Spektrenausschnitte und Bestimmung der Absorbance durch eine Ausgleichsrechnung.

1. Digitale Bestimmung von I_0 und I

Ein einfaches Gerät zur Digitalisierung von I_0 und I bei Serienmessungen ist in Abbildung 34 skizziert.

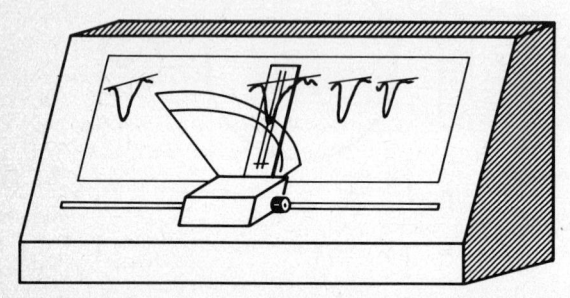

Abbildung 34   Gerät zur digitalen Messung von Ordinatenwerten zur Bestimmung der Absorbance

Hierbei wird ein Spektrenblatt, auf dem eine Reihe Einzelmessungen registriert wurden, über eine Leuchtscheibe gespannt. An einem beweglichen Schlitten ist eine Plexiglasleiste montiert, in die zwei parallele Rillen eingraviert sind. Der Schlitten wird nun so lange verschoben, bis die Bandenspitze exakt in der Mitte zwischen den beiden Rillen liegt. Zwischen der Plexiglasleiste und dem Spektrenpapier ist eine Kurvenscheibe drehbar angeordnet. Die Kurvenscheibe ist mit einem Potentiometer verbunden, so daß eine dem Drehwinkel proportionale Spannung am Potentiometer abgegriffen und digital gemessen werden kann. In die Scheibe ist eine Kurve eingraviert, wodurch eine lineare Beziehung zwischen der zu messenden Strecke (I_0, I) und der Spannung am Potentiometer hergestellt wird.

Das Spektrenpapier wird so eingespannt, daß sich die Nullinie des Papiers mit der Nullmarke auf der Plexiglasleiste deckt. Zur Bestimmung von I_0 bringt man die Kurve mit der Basislinie zur Deckung, und zur Bestimmung von I mit dem Maximum der Absorptionsbande. Die Werte für I_0 und I können nun am Digitalvoltmeter abgelesen, gedruckt oder gestanzt werden. In Verbindung mit einer Tastatur, über die die Probenbezeichnung eingetastet werden kann, werden die Meßwerte in einer Form erhalten, wie sie von einem Rechner weiterverarbeitet werden können.

Die *Standardabweichung* der Streckenmessung beträgt 0,07 mm (Freiheitsgrad > 100). Das Verfahren ist der direkten Bestimmung der Strecken I_0 und I mit einem Lineal also deutlich überlegen.

2. Digitale Registrierung des Spektrums

Manche IR-Spektrophotometer stellen die Wellenzahl und Transmittance als Spannungs- oder Digitalwert zur Verfügung. Bei vielen Geräten, bei denen diese Vorrichtungen fehlen, lassen sie sich jedoch einbauen. Mit einem entsprechend ausgerüsteten Gerät lassen sich nun Spektren digital registrieren. Dabei ist es mit einer entsprechend aufgebauten Logikeinheit möglich, nur die zur Auswertung benötigten Spektrenausschnitte zu registrieren. Man vermeidet so, insbesondere bei einer OFF-LINE-Benutzung eines Rechners, daß redundante Daten übertragen werden müssen.

Hierbei wird zunächst, wie in Abschnitt IX (S. 81), beschrieben, der Meßwert für 0% Transmittance ermittelt. Dann legt man die Bereiche fest, die zur Bestimmung von I_0 und I registriert werden müssen, und registriert schließlich die Proben (Abbildung 35).

Durch die Werte A und C legt man die Ausgleichsgerade

$$y = m + nx \tag{144}$$

und durch die Punkte B die Ausgleichskurve

$$z = a_0 + a_1 x + a_2 x^2 + a_3 x^3 \tag{145}$$

98 XIII. Auswertetechnik

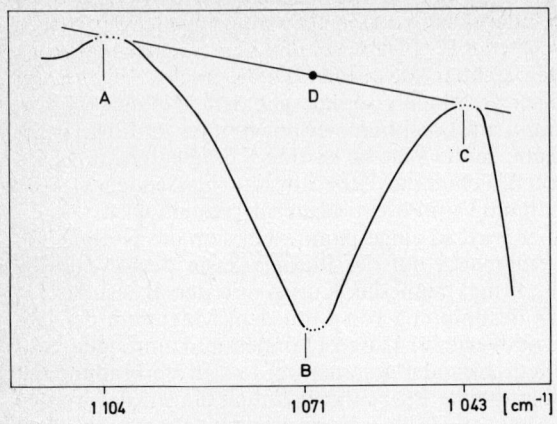

Abbildung 35 Absorptionsbande des Polystyrols bei 1068 cm^{-1}. Die Punkte geben die Meßwerte an, die zur Bestimmung der Absorbance herangezogen werden. A beginnt bei 1104, B bei 1071 und C bei 1043 cm^{-1}. Der Abstand der Meßwerte beträgt 0,5 Wellenzahleinheiten

y und z repräsentieren die Ordinate linear in Transmittance, x die Wellenzahlskala. In der praktischen Ausführung kann man den Abstand der Meßpunkte der Bandenbreite anpassen (z. B. $\Delta x = 0.1, 0.5, 1, 2, 5, 10$ cm^{-1}).

Unser gesuchtes I ist das Minimum der Funktion **145**. Aus unserem Datensatz B berechnen wir zunächst a_0 bis a_3 nach dem Gauß'schen Algorithmus. Das Minimum z_{Min} finden wir, indem wir die erste Ableitung

$$\frac{\partial z}{\partial x} = a_1 + 2a_2 x + 3a_3 x^2 \tag{146}$$

gleich Null setzen. Die Auflösung dieser Gleichung nach x liefert

$$x = -\frac{a_2}{3a_3} \pm \sqrt{\frac{a_2^2}{9a_3^2} - \frac{a_1}{3a_3}} \tag{147}$$

Beide Werte werden in die zweite Ableitung von Gl. **145**

$$\frac{\partial^2 z}{\partial x^2} = 2a_2 + 6a_3 x \tag{148}$$

eingesetzt. Für die Minimumbedingung muß $2a_2 + 6a_3 x$ größer Null sein. Somit kennen wir jetzt I und die dazugehörige Wellenzahl. Einsetzen von x_{Min} in Gl. **144** liefert schließlich I_0. Da wir für die Bestimmung von I_0 und I überbestimmte Gleichungssysteme hatten, können wir die Standardabweichung bzw. Vertrauensbereiche dieser

Größen berechnen und schließlich die Absorbance nebst Standardabweichung oder Vertrauensbereich angeben. Die Bestimmung von I_0 vereinfacht sich, wenn als Basislinie eine Parallele zur Abszisse (durch A oder C) gezogen wird. Dann geht Gl. **144** über in

$$y = m \qquad (149)$$

das heißt: I_0 ist der Mittelwert der Meßwerte im angegebenen Bereich.

Die Ausführung zur Bestimmung der Absorbance sei an einem Beispiel erläutert.

Beispiel
Es soll die **Absorbance der Bande bei 1068 cm^{-1} eines Polystyrolfilms** gemessen werden [Abbildungen 35 u. 36 (S. 98)].

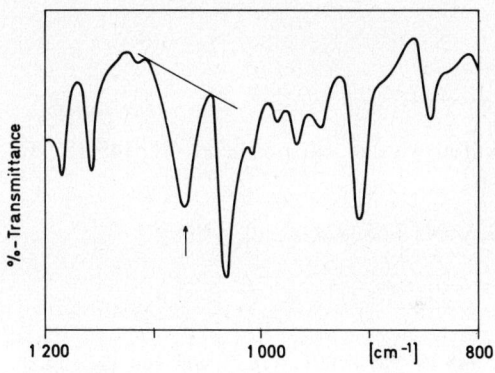

Abbildung 36   Spektrum einer Polystyrolfolie im Bereich 1200–800 cm^{-1}. Es soll die Absorbance der Bande 1068 cm^{-1} bestimmt werden unter Anwendung der eingezeichneten Basislinie

Zunächst bestimmen wir den Meßwert für 0% Durchlässigkeit, indem wir den Meßwert für 100% Transmittance und 10% Transmittance festlegen.

Mittlerer Meßwert für 100% T = 3521
Mittlerer Meßwert für 10% T = 595
Daraus folgt   für   0% T = 270

Zur Bestimmung der Absorbance wollen wir die Transmittance in einem Abstand von 0,5 Wellenzahlen messen. Zur Auswertung werden folgende Bereiche herangezogen:
für die Basislinie 1104–1102 und 1043 bis 1041 cm^{-1}
für das Absorptionsmaximum 1071–1066 cm^{-1}.

Aus den Meßwerten der Tabelle 32 errechnet sich als *Basislinie*

$y = 3087{,}26 - 6{,}4244\,x$
$s_o = 3{,}630546$

Tabelle 33 **Meßprotokoll zur Bestimmung der Absorbance**, $x = 0$ entspricht 1104 cm^{-1}

x	T (mV)	
0	3082	A
0,5	3084	
1,	3083	
1,5	3081	
33,5	1422	B
34,	1407	
34,5	1399	
35,	1395	
35,5	1395	
36,	1397	
36,5	1406	
61,	2691	C
61,5	2691	
62,	2691	
62,5	2689	

Für die Absorptionskurve werden entsprechend Gl. **145** (S. 97) folgende Werte erhalten

$z = 30986,25 - 2231,04\,x + 55,14299\,x^2 - 0,444446\,x^3$
$s_o = 1,00$

Mit $\partial z/\partial x = 0$ folgt
$x_1 = 47,45$
$x_2 = 35,26$

Einsetzen von x_1 in Gl. **148** (S. 98) liefert $-16,25$ und von x_2 $+16,25$. Damit ist

$x_{Min} = 35,26$ und die Wellenzahl
$WZ_{Min} = 1068,7$ cm^{-1}

Einsetzen von x_{Min} in Gl. **145** (S. 97) liefert

$I = 1394 \pm 1$

und schließlich Einsetzen von x_{Min} in Gl. **144** (S. 97)

$I_o = 2861 \pm 1.3$

wobei sich die Standardabweichung von I_o berechnet nach

$$s_{I_o} = \sqrt{s_o^2 \left(\frac{1}{l} + \frac{(x_{Min} - \bar{x})^2}{\sum_{1}^{l} (x_i - \bar{x})^2} \right)}$$

(l = Anzahl der Meßwerte zur Bestimmung von I_o).
Als Standardabweichung der Absorbance $A = \log(I_o/I)$ ergibt sich mit $x = I_o/I$

$$s_x = \frac{1}{I^2} \sqrt{(I_o \cdot s_I)^2 + (I \cdot s_{I_o})^2}$$

$$s_A = \frac{\log e}{x} \cdot s_x$$

Somit erhalten wir als Endergebnis

$A = 0,312255 \pm 0,00037$

Die Polystyrolbande wurde 10mal registriert. Die Einzelwerte werden in Tabelle 34 zusammengestellt. Anstelle der Standardabweichung sind die Vertrauensbereiche unter Annahme einer Normalverteilung mit $P = 0,95$ angegeben.

Tabelle 34 Einzelergebnisse bei der wiederholten Bestimmung der Absorbance an der Bande bei 1068 cm^{-1} eines Polystyrolfilms

Nr.	WZ$_{MAX}$	I_o	VB$_{I_o}$	I	VB$_I$	A	VB$_A$
1	1068,7	2860	2	1394	0	0,3120	0,0004
2	1069,1	2862	2	1396	2	0,3117	0,0008
3	1068,7	2858	2	1396	2	0,3111	0,0008
4	1069,3	2862	1	1392	0	0,3131	0,0004
5	1069,4	2859	1	1392	0	0,3124	0,0004
6	1069,8	2862	3	1397	3	0,3113	0,0011
7	1069,2	2862	2	1399	1	0,3105	0,0006
8	1069,3	2860	1	1395	3	0,3115	0,0011
9	1068,3	2855	3	1396	0	0,3107	0,0005
10	1068,2	2853	4	1395	0	0,3107	0,0007
					Mittelwert	0,3115	0,0006
			Standardabweichung des Mittelwertes			0,00026	
11	1068,8	2858	1	1397	0	0,3107	0,00031

Unter Nr. 11 ist das Ergebnis angegeben, das man erhält, wenn man die Meßwerte der zehn Spektren überlagert, wobei eine Verbesserung des Signal/Rausch-Verhältnisses um den Faktor $\sqrt{10}$ zu erwarten ist.

Die Rückrechnung der Anpassungskurve ergibt im Bereich des Absorptionsmaximums eine Übereinstimmung mit den Meßwerten, die besser als 0,07 % ist. Der Ordinatenwert im Bereich des Maximums wird also mit hoher Genauigkeit bestimmt. Zur Veranschaulichung sei der Verlauf der Anpassungskurve für einen größeren Wellenzahlbereich in Abbildung 37 gegeben.

Die digitale Registrierung ist die exakteste und schnellste Verfahrensweise zur Bestimmung der Absorbance im Speziallabor zur quantitativen IR-Spektrophotometrie. Sie kann auch — allerdings mit beträchtlichem Zeitaufwand — zur Verbesserung des Signal/Rausch-Verhältnisses herangezogen werden.

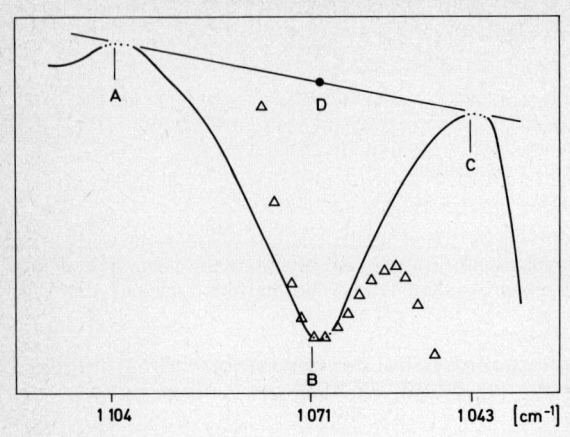

Abbildung 37 Verlauf der Anpassungskurve für die Absorptionsbande eines Polystyrolfilms bei 1068 cm^{-1}. Die Anpassungskurve ist durch Δ markiert

XIV. Behandlung abweichender Analysenwerte — Ausreißerprüfung

Führt man eine Gehaltsbestimmung mehrfach durch, so streuen die Einzelwerte um den Mittelwert. Dabei stellt sich immer wieder die Frage, ob man einen Wert streichen darf. Diese Frage wird besonders wichtig bei der Aufstellung einer Eichfunktion, da mit einer fehlerhaften Eichung eine ganze Reihe von Probenmessungen wertlos werden. Weicht ein Einzelwert sehr stark vom Durchschnitt ab (z. B. 2 Einwaagen erfolgten in den gleichen Kolben, unbemerktes Verschütten eines Teils der Probe, Verdunstung von Lösungsmitteln etc.), so ist man berechtigt ihn zu streichen. Ist die Abweichung jedoch gering, z. B. nur wenige Prozente des Meßwertes, so ist man immer geneigt einen unerwünschten Wert als Ausreißer zu behandeln. Man benötigt also klare Regeln, um einen Wert als wahrscheinlichen Ausreißer zu identifizieren. Die Prüfung sollte bei einem automatischen Auswerteverfahren im Rechner vorgenommen werden können.

Um das gewünschte Ziel zu erreichen, kann man von der Verteilung der Einzelwerte um den Mittelwert ausgehen oder anstelle des arithmetischen Mittels das gewichtete Mittel bilden.

1. Prüfverfahren unter Anwendung der $r_{min/max}$-Verteilung (Nalimov-Test)

Ein statistischer Test, der von der Verteilung der Einzelwerte um das arithmetische Mittel (r-Verteilung) ausgeht, wird von V. V. NALIMOV beschrieben. Aus den Meßwerten $x_1, x_2, \ldots, x_n$ bildet man den Mittelwert $\bar{x}$ und die Standardabweichung s_x. Wenn wir den Wert betrachten, der dem absoluten Betrag nach am stärksten vom Mittelwert abweicht, gilt für die Verteilungsfunktion

$$r_{max} = \frac{|x_{max} - \bar{x}|}{s_x \sqrt{\frac{n-1}{n}}} \qquad r_{min} = \frac{|x_{min} - \bar{x}|}{s_x \sqrt{\frac{n-1}{n}}} \qquad (150)$$

mit $F = n - 2$ Freiheitsgraden. Die Werte für

$r_{max} \cdot \sqrt{(n-1)/n}$

sind für $P = 0{,}90$, $0{,}95$, $0{,}975$, $0{,}99$ in Tabelle 35 (S. 111) im Anhang wiedergegeben. Wenn der Wert

XIV. Behandlung abweichender Analysenwerte

$|x_{max} - \bar{x}|/s_x$

größer ist als der Tabellenwert für $r_{max} \cdot \sqrt{n-1/n}$ für die ausgewählte Wahrscheinlichkeit, kann ein solcher Wert als Ausreißer verworfen werden.

Beispiel

$x_1 = 90,0 \quad \bar{x} = 91,4$
$x_2 = 90,2 \quad s_x = 2,254$
$x_3 = 94,0 \quad n = 3$

$$\frac{|x_{max} - \bar{x}|}{s_x} = 1,154 \qquad r_{max} \cdot \sqrt{\frac{n-1}{n}} = 1,153 \, (P = 0,95)$$

Mithin kann der Wert 94,0 verworfen werden.

Sind unter n Messungen zwei Ergebnisse zweifelhaft, eines, weil es beträchtlich größer ist als die übrigen und das andere, weil es beträchtlich kleiner ist, so prüft man folgendermaßen auf Ausreißer: Zunächst stellt man wie bereits erläutert fest, ob der Meßwert, der die größte Abweichung vom Mittelwert zeigt, die Ausreißerhypothese erfüllt. Wird gefunden, daß dieser Meßwert (z. B. der größte) verworfen werden kann, werden $\bar{x}$ und s_x von den restlichen $(n-1)$-Werten berechnet und nun geprüft, ob der kleinste Wert verworfen werden darf.

Beispiel

$x_1 = 80,0 \quad \bar{x} = 89,671$
$x_2 = 90,0 \quad s_x = 4,973$
$x_3 = 90,1 \quad n = 7$
$x_4 = 90,1$
$x_5 = 90,2$
$x_6 = 90,3$
$x_7 = 97,0$

$$\frac{|x_{min} - \bar{x}|}{s_x} = 1,945 \qquad r_{min} \cdot \sqrt{\frac{n-1}{n}} = 1,938 \, (P = 0,95)$$

Somit kann der Wert x_1 gestrichen werden. Es wird nun geprüft, ob von den Werten x_2 bis x_7 x_7 gestrichen werden kann. Es ist

$\bar{x} = 91,283$
$s_x = 2,802$
$n = 6$

$$\frac{|x_{max} - \bar{x}|}{s_x} = 2,040 \qquad r_{max} \cdot \sqrt{\frac{n-1}{n}} = 1,822 \, (P = 0,95)$$

Damit kann auch x_7 verworfen werden.

1. Prüfverfahren unter Anwendung der r-Verteilung

Gelegentlich hat man die Situation, daß zwei Messungen, die deutlich kleiner als die übrigen Messungen sind, zweifelhaft erscheinen. In diesem Fall wird zunächst der kleinere der beiden Werte verworfen und die Prüfung, ob der zweite ein Ausreißer ist, durchgeführt. Dabei werden $\bar{x}$ und s_x von den verbleibenden $(n-1)$-Messungen berechnet. Wenn gefunden wird, daß der zweite Wert als Ausreißer angesprochen werden kann, dann darf selbstverständlich auch der erste Wert verworfen werden. Wird jedoch gefunden, daß der zweite Wert nicht verworfen werden darf, dann führt man den Ausreißertest für den ersten Wert durch, indem man $\bar{x}$ und s_x aus allen n-Messungen berechnet.

Beispiel

$x_1 = 85,0$ nach Streichen von x_1
$x_2 = 86,0$
$x_3 = 90,0$ $\bar{x} = 89,450$
$x_4 = 90,1$
$x_5 = 90,1$ $s_x = 1,693$
$x_6 = 90,2$
$x_7 = 90,3$ $n = 6$

$$\frac{|x_2 - \bar{x}|}{s_x} = 2,038 \qquad\qquad r_{min} \cdot \sqrt{\frac{n-1}{n}} = 1,822 \; (P = 0,95)$$

Demnach dürfen x_1 und x_2 gestrichen werden.

Beispiel

$x_1 = 89,0$ nach Streichen von x_1
$x_2 = 91,0$
$x_3 = 92,0$ $\bar{x} = 92,133$
$x_4 = 92,2$
$x_5 = 92,2$ $s_x = 0,628$
$x_6 = 92,6$
$x_7 = 92,8$ $n = 6$

$$\frac{|x_2 - \bar{x}|}{s_x} = 1,804 \qquad\qquad r_{min} \cdot \sqrt{\frac{n-1}{n}} = 1,822 \; (P = 0,95)$$

x_2 darf also nicht gestrichen werden. Es erfolgt nunmehr die Ausreißerprüfung für x_1 in der üblichen Weise.

Es ist

$\bar{x} = 91,686$
$s_x = 1,316$
$n = 7$

$$\frac{|x_1 - \bar{x}|}{s_x} = 2,041 \qquad\qquad r_{min} \cdot \sqrt{\frac{n-1}{n}} = 1,938$$

Somit darf x_1 verworfen werden.

2. Bilden des gewichteten Mittelwertes, Bestwertes

Beim Nalimov-Test wird entschieden, ob ein Wert mit einer angenommenen Wahrscheinlichkeit P verworfen werden kann oder nicht. Erscheint jedoch die vollständige Elimination eines Meßwertes als ein zu schwerwiegender Eingriff, so kann man die einzelnen Werte mit Gewichten versehen und anstelle des arithmetischen Mittels

$$\bar{x} = \frac{x_1 + x_2 + \ldots + x_n}{n} \tag{151}$$

das gewichtete Mittel bilden

$$\bar{x}_p = \frac{x_1 p_1 + x_2 p_2 + \ldots + x_n p_n}{p_1 + p_2 + \ldots + p_n} \tag{152}$$

worin die p_i beliebige, positive Zahlen sind. Die p_i und somit auch $\bar{x}_p$ müssen mit einer Fehlerfunktion ermittelt werden. Dabei soll der Wert $\bar{x}_p$ so bestimmt werden, daß für ihn das quadratische Mittel der Fehler zum Minimum wird. Als Fehlerfunktion wählen wir

$$\varphi(v) = \sigma(v^2) = e^{-v^2} \tag{153}$$

Der sich hierfür ergebende Bestwert ist

$$\bar{x} = \frac{\sum_{1}^{n} x_i \cdot e^{-v_i^2}}{\sum_{1}^{n} e^{-v_i^2}} \tag{154}$$

oder mit $v_i = \bar{x} - x_i$

$$\bar{x} = \frac{\sum_{1}^{n} x_i \cdot e^{-(\bar{x} - x_i)^2}}{\sum_{1}^{n} e^{-(\bar{x} - x_i)^2}} \tag{155}$$

Es haben also diejenigen Werte x_i, die dem Bestwert $\bar{x}$ am nächsten liegen, das größte Gewicht. Mit größer werdendem Abstand werden die Gewichte kleiner. Das liegt daran, daß das Bild der gewählten Fehlerfunktion eine Glockenkurve ist.

Beispiel

Es werden die ersten drei Iterationen ausgeführt. Für die erste Berechnung wird als Bestwert das arithmetische Mittel gewählt.

$x_1 = 98{,}0$
$x_2 = 98{,}8$
$x_3 = 103{,}5 \qquad \bar{x} = 100{,}10$

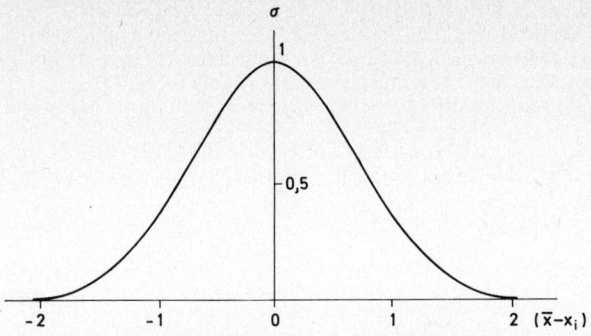

2. Bilden des gewichteten Mittelwertes, Bestwertes

Abbildung 38 Darstellung der Funktion $\sigma = e^{-(\bar{x}-x_i)^2}$

i	$e^{-(\bar{x}-x_i)^2}$	$x \cdot e^{-(\bar{x}-x_i)^2}$	Bestwert
1	0,012155	1,191207	
2	0,184520	18,230529	
3	0,000000	0,000000	
$\sum$	0,196684	19,422724	$\bar{x} = 98{,}75$
1	0,569006	55,762555	
2	0,997593	98,562190	
3	0,000000	0,000000	
$\sum$	1,566599	154,324744	$\bar{x} = 98{,}51$
1	0,771438	75,600897	
2	0,919025	90,799657	
3	0,000000	0,000000	
$\sum$	1,690463	166,400554	$\bar{x} = 98{,}43$

$x_1 = 9{,}80$	$x_2 = 9{,}88$	$x_3 = 10{,}35$	$\bar{x} = 10{,}01$

i	$e^{-(\bar{x}-x_i)^2}$	$x \cdot e^{-(\bar{x}-x_i)^2}$	Bestwert
1	0,956858	9,377211	
2	0,983242	9,714431	
3	0,890831	9,220106	
$\sum$	2,830932	28,311748	$\bar{x} = 10{,}00$
1	0,960459	9,412500	
2	0,985500	9,736736	
3	0,885237	9,162198	
$\sum$	2,831195	28,311434	$\bar{x} = 10{,}00$
1	0,999896	9,198781	
2	0,983242	9,714431	
3	0,890831	9,220106	
$\sum$	2,873970	28,933318	$\bar{x} = 10{,}07$

XIV. Behandlung abweichender Analysenwerte

Der Vergleich der beiden Zahlenreihen deckt einen erheblichen Mangel unserer Vorgehensweise auf. Die Gewichte $e^{-(\bar{x}-x_i)^2}$ sind nämlich maßstabsabhängig. Um das zu vermeiden, müssen wir die Differenzen $(\bar{x}-x_i)$ dimensionslos machen, das heißt: Wir müssen eine Invariante suchen.
Hierzu bilden wir zunächst die Summe aller Differenzquadrate der Meßwerte.

$$D^2 = \sum_{i=1}^{n-1} \sum_{k=i+1}^{n} (x_i - x_k)^2 \tag{156}$$

Mit

$$L = \frac{+\sqrt{D^2}}{\sqrt{\binom{n}{2}}} \tag{157}$$

erhalten wir das quadratische Mittel der Differenzquadrate und die gesuchte Invariante L. Unsere Fehlerfunktion **153** (S. 106) nimmt dann die Form an

$$\sigma(v^2) = e^{-\frac{(\bar{x}-x_i)^2}{L}} \tag{158}$$

Wegen

$$\left(\frac{v_i}{L}\right)^2 = \left(\frac{\bar{x}}{L} - \frac{x_i}{L}\right)^2 \tag{159}$$

führen wir neue Veränderliche ein.

$$z_i = \frac{x_i}{L} \tag{160}$$

Damit finden wir als Bestwert

$$\bar{z} = \frac{\sum_{1}^{n} z_i \cdot e^{-(\bar{z}-z_i)^2}}{\sum_{1}^{n} e^{-(\bar{z}-z_i)^2}} \tag{161}$$

und schließlich

$$\bar{x} = L \cdot \bar{z} \tag{162}$$

Wir wollen nunmehr nach diesem Schema unsere Beispiele durchrechnen. Wir finden für

$x_1 = 98,0$ $\bar{x} = 100,10$ $z_1 = 23,32$
$x_2 = 98,8$ $D^2 = 52,98$ $z_2 = 23,51$
$x_3 = 103,5$ $L = 4,20$ $z_3 = 24,63$

2. Bilden des gewichteten Mittelwertes, Bestwertes

$x_1 = 9{,}80$ $\bar{x} = 10{,}01$ $z_1 = 23{,}32$
$x_2 = 9{,}88$ $D^2 = 5{,}5298$ $z_2 = 23{,}51$
$x_3 = 10{,}35$ $L = 0{,}4202$ $z_3 = 24{,}63$

Nach entsprechender Normierung liegen also der Berechnung der Gewichte jeweils die gleichen Zahlen zugrunde. Die Gewichte sind jetzt nicht mehr maßstabsabhängig. Nachfolgend sind nochmals die ersten drei Iterationen unseres Beispiels angegeben.

i	$e^{-(\bar{z}-z_i)^2}$	$z_i \cdot e^{-(\bar{z}-z_i)^2}$	Bestwert
1	0,779021	18,166868	
2	0,908740	21,364913	
3	0,519657	12,798575	
$\sum$	2,207418	52,330357	$\bar{x} = 99{,}62$
1	0,861256	20,084595	
2	0,962272	22,623484	
3	0,427137	10,519924	
$\sum$	2,250666	53,228004	$\bar{x} = 99{,}39$
1	0,896953	20,917039	
2	0,980753	23,057981	
3	0,383486	9,444834	
$\sum$	2,261191	53,419853	$\bar{x} = 99{,}28$

Durch eine große Zahl von Iterationszyklen ist der Rechenaufwand zur Bestimmung der Gewichte beträchtlich. Dabei ist die Veränderung des Bestwertes im Anfang groß, nimmt dann aber sehr schnell ab. Es ist daher sinnvoll — insbesondere beim Einsatz eines programmierbaren Rechners — anzugeben, bei welcher Differenz des letzten und vorletzten Bestwertes die Iterationen abgebrochen werden sollen. Gibt man z. B. als Schranke für den Abbruch an

$$x_i - x_{i-1} < x_i \cdot 10^{-5}$$

so erhält man als Endergebnis

Werte	Gewicht
98,0	0,92
98,8	0,99
103,5	0,35

Gewichtetes Mittel: 99,21
Zahl der Iterationen: 14

XIV. Behandlung abweichender Analysenwerte

Gegenüberstellung der beiden Auswertetechniken

	Gewichtetes Mittel			Nalimovtest	
	Werte	Gewichte	Bestwert	Ausreißer	Mittelwert
1	91,7	0,9675	122,9		91,7
	91,7	0,9675			
	302,1	0,3368	(17)	302,1	
2	102,5	0,3809	100,0		100,5
	99,1	0,9910			
	99,9	0,9973	(14)		
3	98,3	0,9979	98,3		98,4
	98,2	0,8622			
	98,6	0,3875	(12)		
4	53,9	0,3402	52,8	53,9	52,6
	52,5	0,9489			
	52,6	0,9810	(13)		
5	86,2	0,9985	86,2		86,2
	86,2	0,9985			
	86,1	0,9328	(9)		
	86,1	0,9328			
	86,5	0,6667			
	86,9	0,0942			
6	2,40592	0,8837	2,42638		2,42734
	2,22078	0,6711		2,22078	
	2,42399	0,9983	(7)		
	2,43819	0,9596			
	2,43550	0,9757			
	2,43310	0,9867			

Zur Bestimmung der Bestwerte wurden soviel Iterationen ausgeführt, bis $(x_i - x_{i-1}) < x_i \cdot 10^{-5}$ war. Die Zahl der Iterationen ist in ( ) unter dem Bestwert angegeben. Unter Ausreißer sind die Ausreißer aufgrund der r-Verteilung mit $P = 0,95$ angegeben und unter Mittelwert das arithmetische Mittel des Datensatzes unter Ausschluß eines eventuellen Ausreißers.

XV. Anhang

Tabelle 35 **r-Verteilung.** Werte für $r_{min/max}\sqrt{(n-1)/n}$ in Abhängigkeit von der Wahrscheinlichkeit und Anzahl der Werte (n). (r-Werte entnommen: *V. V. Nalimov*)

n	Wahrscheinlichkeit 0,90	0,95	0,975	0,99
3	1,148	1,153	1,155	1,155
4	1,425	1,463	1,481	1,492
5	1,602	1,672	1,715	1,749
6	1,729	1,822	1,887	1,944
7	1,828	1,938	2.020	2,097
8	1,909	2,032	2,126	2,221
9	1,977	2,109	2,215	2,323
10	2,036	2,176	2,290	2,410
11	2,088	2,234	2,355	2,485
12	2,134	2,285	2,412	2,550
13	2,175	2,331	2,461	2,608
14	2,213	2,371	2,507	2,659
15	2,247	2,408	2,549	2,705
16	2,279	2,443	2,585	2,747
17	2,309	2,475	2,620	2,785
18	2,336	2,504	2,651	2,821
19	2,361	2,531	2,681	2,854
20	2,385	2,557	2,708	2,884
21	2,408	2,580	2,733	2,912
22	2,429	2,603	2,758	2,939
23	2,449	2,624	2,781	2,963
24	2,467	2,644	2,802	2,987
25	2,486	2,662	2,822	3,009

Tabelle 36 **Integralgrenzen der t-Verteilung in Abhängigkeit von der Wahrscheinlichkeit P und dem Freiheitsgrad F.** (Entnommen: *K. Doerffel*)

F	P = 0,50	0,75	0,90	0,95	0,98	0,99
1	1,00	2,41	6,31	12,71	31,82	63,7
2	0,816	1,60	2,92	4,30	6,97	9,92
3	0,765	1,42	2,35	3,18	4,54	5,84
4	0,741	1,34	2,13	2,78	3,75	4,60
5	0,727	1,30	2,01	2,57	3,37	4,03
6	0,718	1,27	1,94	2,45	3,14	3,71
7	0,711	1,25	1,89	2,36	3,00	3,50
8	0,706	1,24	1,86	2,31	2,90	3,36
9	0,703	1,23	1,83	2,26	2,82	3,25
10	0,700	1,22	1,81	2,23	2,76	3,17
11	0,697	1,21	1,80	2,20	2,72	3,11
12	0,695	1,21	1,78	2,18	2,68	3,05
13	0,694	1,20	1,77	2,16	2,65	3,01
14	0,692	1,20	1,76	2,14	2,62	2,98
15	0,691	1,20	1,75	2,13	2,60	2,95
16	0,690	1,19	1,75	2,12	2,58	2,92
17	0,689	1,19	1,74	2,11	2,57	2,90
18	0,688	1,19	1,73	2,10	2,55	2,88
19	0,688	1,19	1,73	2,09	2,54	2,86
20	0,687	1,18	1,73	2,09	2,53	2,85
21	0,686	1,18	1,72	2,08	2,52	2,83
22	0,686	1,18	1,72	2,07	2,51	2,82
23	0,685	1,18	1,71	2,07	2,50	2,81
24	0,685	1,18	1,71	2,06	2,49	2,80
25	0,684	1,18	1,71	2,06	2,49	2,79
26	0,684	1,18	1,71	2,06	2,48	2,78
27	0,684	1,18	1,71	2,05	2,47	2,77
28	0,683	1,17	1,70	2,05	2,47	2,76
29	0,683	1,17	1,70	2,05	2,46	2,76
30	0,683	1,17	1,70	2,04	2,46	2,75
40	0,681	1,17	1,68	2,02	2,42	2,70
60	0,679	1,16	1,67	2,00	2,39	2,66
120	0,677	1,16	1,66	1,98	2,36	2,62
∞	0,674	1,15	1,64	1,96	2,33	2,58

Lösungsmittelspektren

Zur Aufnahme der Spektren wurde eine KBr-Küvette von 0,02 cm Schichttiefe benutzt. Die Spektren wurden von 4000—400 cm^{-1} gegen Luft registriert.

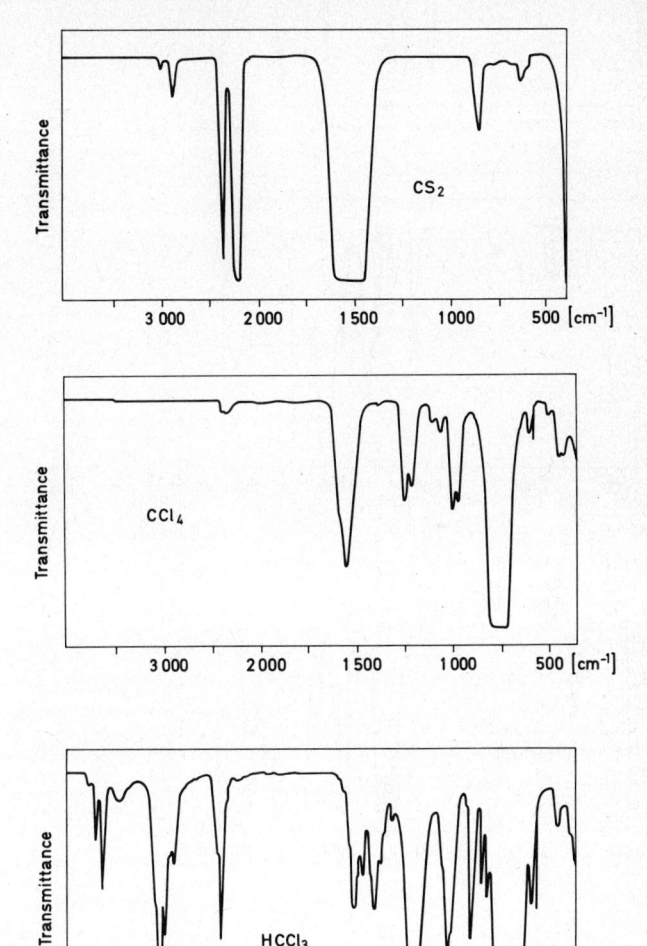

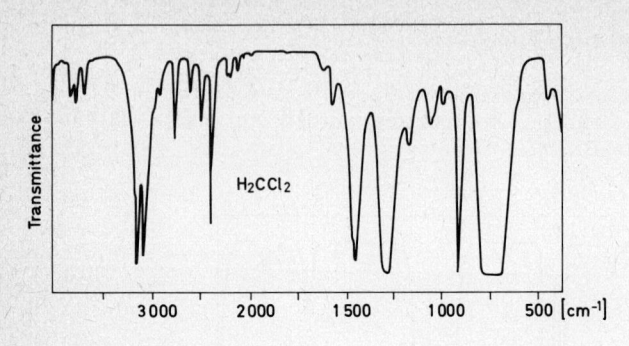

114 XV. Anhang

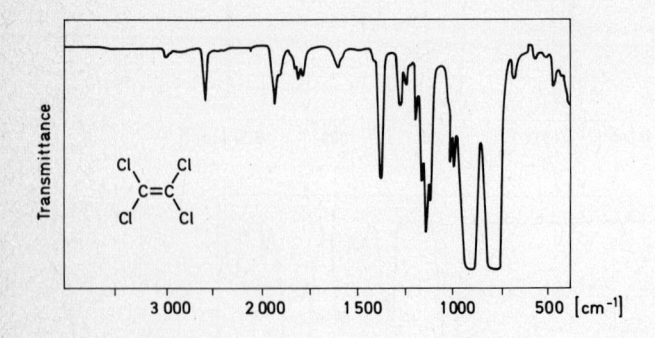

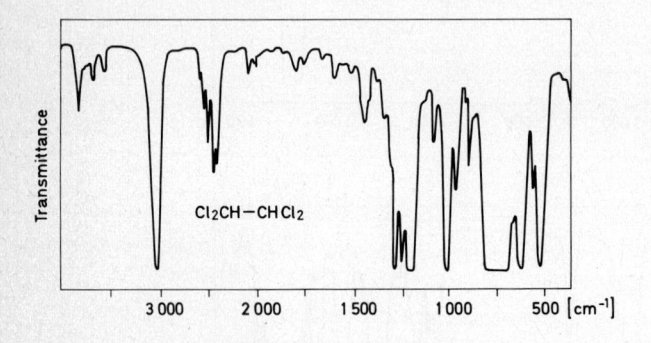

H₂CCl₂

Cl₂C=CCl₂

Cl₂CH—CHCl₂

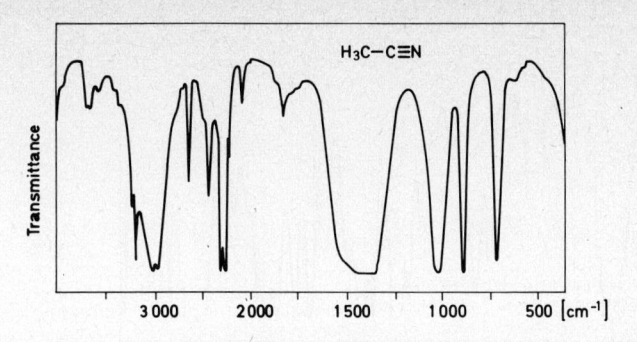

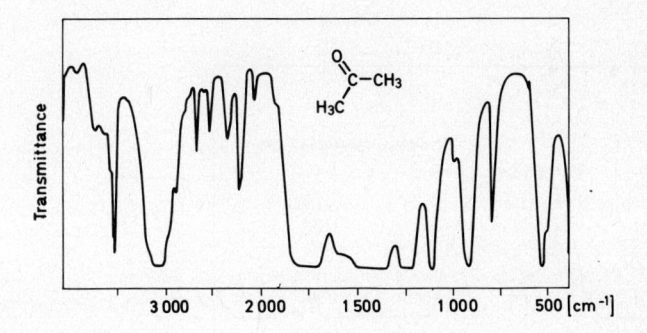

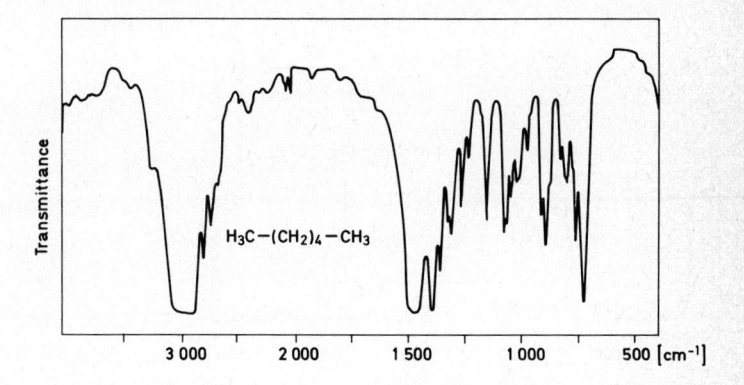

Lösungsmittelspektren 115

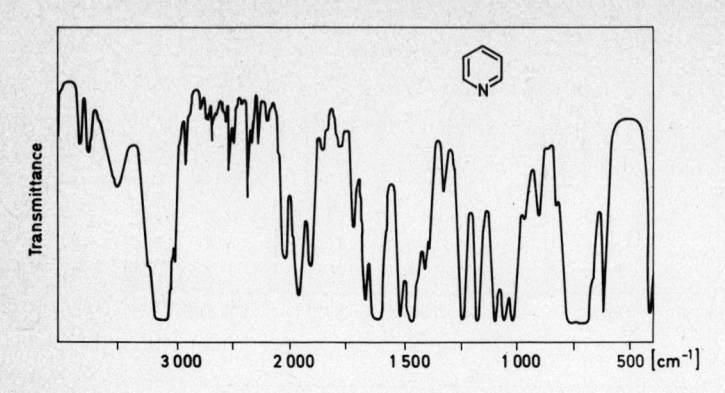

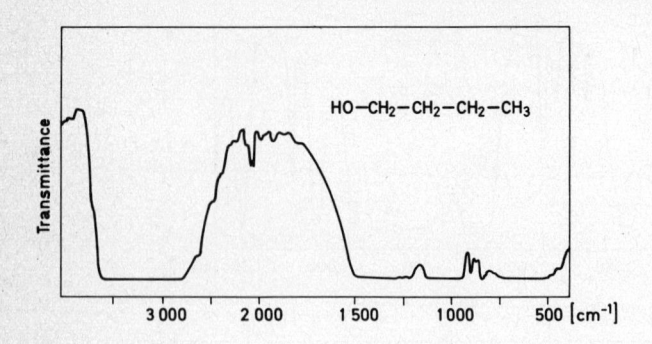

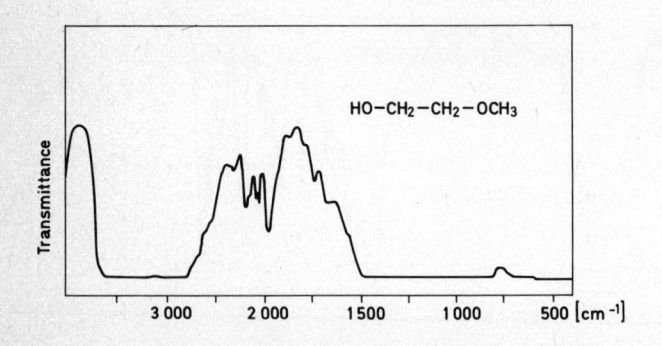

XV. Anhang

HO—CH$_2$—CH$_2$—CH$_2$—CH$_3$

HO—CH$_2$—CH$_2$—OCH$_3$

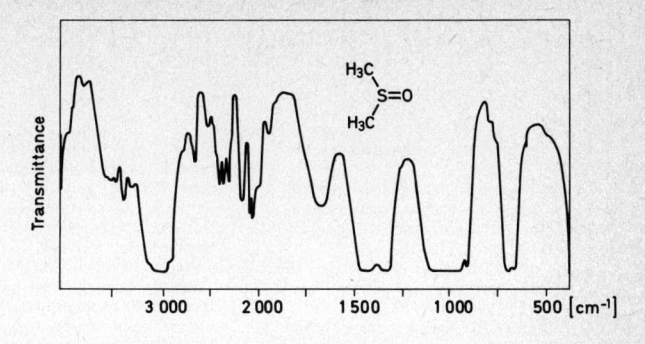

Lösungsmittelspektren 117

$$\begin{array}{c} H_3C \\ S{=}O \\ H_3C \end{array}$$

Literatur

A. Beer, Annalen der physikalischen Chemie, 86, 78 (1852).

I. Kössler, Methoden der Infrarot-Spektroskopie in der chemischen Analyse, Akademische Verlagsgesellschaft, Leipzig 1961.

C. N. R. Rao, Chemical Applications of Infrared Spectroscopy, Academic Press, New York · London 1963.

V. V. Nalimov, The Application of Mathematical Statistics to Chemical Analysis, Pergamon Press, Oxford · London · Paris · Frankfurt 1963.

H. Böse, Einführung in die Ausgleichsrechnung, R. Oldenbourg, München Wien 1965.

R. Zurmühl, Praktische Mathematik für Ingenieure und Physiker, Springer Verlag, Berlin · Heidelberg · New York 1965.

K. Doerffel, Statistik in der analytischen Chemie, VEB Deutscher Verlag für Grundstoffindustrie, Leipzig 1966.

S. Valentiner, Vektoren und Matrizen, Sammlung Göschen Band 354/354a, Walter de Gruyter & Co, Berlin 1967.

A. S. Curry, J. F. Read, C. Brown, R. W. Jenkins, J. Chromatogr. Sci. 38, 200 (1968).

G. Kemmner, Infrarot-Spektroskopie, Grundlagen, Anwendung, Methoden, Franckh'sche Verlagshandlung, Stuttgart 1968.

I. A. Perry, Quantitative Analysis by Infrared Spectrophotometry, Applied Spectroscopy Reviews, 3, 229 (1970).

C. Freitag, Model Calculations on the Linearity Behavior of Combs Used for Optical Attenuation in Spectrophotometers, Applied Optics 10, 1899 (1971).

J. H. van der Maas, Basic Infrared Spectroscopy, Heyden & Son Ltd, London · New York · Rheine 1972.

H. Kaiser, Grundlagen zur Beurteilung von Analysenverfahren, Methodicum Chimicum, Band 1, Georg Thieme Verlag, Stuttgart 1973.

H. Weitkamp, IR-Spektroskopie, Methodicum Chimicum, Band 1, Georg Thieme Verlag, Stuttgart 1973.

G. Gottschalk, Statistik in der quantitativen chemischen Analyse, Ferdinand Enke Verlag, Stuttgart 1962.

E. Mitterecker, Planung und statistische Auswertung von Experimenten, Franz Deuticke Verlag, Wien 1971.

H. J. Hediger, Infrarotspektroskopie, Akademische Verlagsgesellschaft, Frankfurt 1971.

Sachverzeichnis

A

Absorbance, Abhängigkeit von Temperatur 92
- Beersches Gesetz 4, 10
- Definition 10
- relative Fehler 11
- – Einfluß der Spaltweite 13
- – Messung 12
Absorptivity 14
- Beersches Gesetz 4
- Fehler 14
- molare, Beersches Gesetz 4
- Standardabweichungen 16
Abszissenspreizung 80
Analysenfunktion, Bestimmung der Mengenverhältnisse 23
- der Eichung und Probenmessung (innerer Standard) 38
Anreicherung von Substanzen Apparatur 22
Atmosphärenbanden 78
Aufstockverfahren 58
- Bestimmung kleiner Gehaltswerte 58
- Bestimmung von (2-Chlor-phenyl)-diphenyl-carbinol 52
- Bestimmung von 2-Nitro-phenol 64
- Garantiegrenze 62
- untere Gehaltsgrenze 61
- Matrizeninversion 60
- Nachweisgrenze 62
Ausreißer-Prüfung 103
- Bildung des gewichteten Mittels 106
Auswertetechnik 98
- digitale Bestimmung von I_0 und I 96
- digitale Registrierung 96f.

B

Balance 78
Beersches Gesetz 3
- Parameter 3
- – Absorbance 4, 10
- – Absorptivity 4, 14

Beersches Gesetz, Absorptivity, molar 4
- – Konzentration 4
- – relative Fehler 11
- – Schichttiefe 4, 6
- – Spaltweite 13
- – Standardabweichung der Einwaage 5
- – Transmittance 4
Binotal-Na / Stapenor-Na, Bestimmung der Mengenverhältnisse 33, 72
- – Eichgerade 34
Binotalsäure, Bestimmung (äußerer Standard) 49
- Gehaltsbestimmung in Kapseln (äußerer Standard) 55
Bis-[3-(chlormethansulfonyl)-propionyl]-piperazin, Gehaltsbestimmung in Tabletten (äußerer Standard) 56
Butanol/2-Methyl-propanol/tert.-Butanol, Mehrkomponentenanalyse 69
(2-Chlor-phenyl)-diphenyl-carbinol, Bestimmung von, Aufstockverfahren 62
2-/4-Chlor-phenol, Bestimmung in der Gasphase (innerer Standard) 44

D

Diagonalelemente, Aufstockverfahren 60
- Kehrmatrix 16
Dichlor-stapenor-Na, Gehaltsbestimmung in Kapseln (äußerer Standard) 55
Durchflußküvette 95

E

Eichfunktion, innerer Standard (Beispiel) 42
Eichgerade, zur Bestimmung von Binotal-Na/Stapenor-Na 34
- – 2-/4-Nitro-phenol 36
Einwaage, Standardabweichung 5

Sachverzeichnis

F

Fenstermaterialien, Küvetten 84
Filterwechsler 83
– Fehlerquellen 83
Flüssigkeitsküvetten 89

G

Garantiegrenze, Aufstockverfahren 42
Gasküvette, heizbar 45
Gebläsekammer 92
Gehaltsbestimmung (äußerer Standard)
– Binotalsäure 49, 55
– Bis-[3-(chlormethansulfonyl)-propionyl]-piperazin 56
– Dichlor-stapenor-Na 55
– 2-Nitro-phenol 52
– Standardabweichungen 52
– Wahl selektiver Lösungsmittel 55
– Wirkstoff in Tabletten 55
Gehaltsbestimmung, innerer Standard (Beispiel) 43
Gehaltsgrenze, untere, Aufstockverfahren 61
Geradengleichung, zur Bestimmung der Mengenverhältnisse 23
Geräteparameter, Auswahl 77
Geschwindigkeitsdämpfung, automatische 80

H

Handtest, Ermittlung des Verstärkungsgrades 78

I

Inkompensation 88
Interferenzlinien, Küvetten 84
Interferenzen, zur Schichttiefenbestimmung einer Küvette 6

K

Kammblende 77
Kehrmatrix, Diagonalelemente der 16
Konzentration, Beersches Gesetz 4
Küvetten, Auswahl 84

Küvetten, Durchflußküvette 95
– Empfindlichkeit gegenüber Lösungsmittel 87
– Fenstermaterialien 84
– Gasküvette, heizbar 45
– Inkompensation 88
– Interferenzlinien 84
– Kontrolle von Schichttiefe u. opt. Reinheit 91
– Oberflächenvergütung 84
– Paarigkeit 87
– Reflexionsvermögen 84
– Spülen von 94
– Schichtdicke einer Messung 6
– variable Schichttiefe 87

L

Lichtabsorption 3
Lösungsmittel, Empfindlichkeit der Küvetten gegenüber 87
– Wahl selektiver (äußerer Standard) 55

M

2×2-Matrix 16, 60
Mehrkomponentenanalyse 68
– Binotal-Na/Stapenor-Na 72
– Butanol/2-Methyl-propanol/tert.-Butanol 69
– Varianzen 73
Mengenverhältnisse, Bestimmung 23
– – Analysenfunktion 23
– – Binotal-Na/Stapenor 33
– Standardabweichung 31
– Varianzen 25
Meßbande, Auswahl 15
– – Standardabweichungen der Absorptivities 16
– Selektivität 16
Messung, digitale 96
– Apparatur 96
2-Methyl-propanol/Butanol/tert.-Butanol, Mehrkomponentenanalyse 69
Mittel, gewichtetes, Bildung von 106

N

Nachweisgrenze, Aufstockverfahren 62
Nalimov-Test 103

Sachverzeichnis

2-Nitro-phenol, Bestimmung von, Aufstockverfahren 64
– Gehaltsbestimmung (äußerer Standard 52

O

Oberflächenvergütung, Küvetten 84
Ordinate, Kalibrierung 82

P

Polystyrol, digitale Registrierung 98
Proben, Erwärmung im Strahlenbündel 93
Probenpräparation 90
– Schütteln 90
– Trocknen 91
– Ultraschallbad 90

R

Reflexionsvermögen, Küvetten 84
Registrieren 91
– Absorbance, Abhängigkeit von Temperatur 93
Registriergeschwindigkeit 80
Registrierung, digitale 87
– von Polystyrol 98
Reinheit, optische, Kontrolle bei Küvetten 91
r-Verteilung 103

S

Schichttiefe, Beersches Gesetz 4, 6
– variable, bei Küvetten 87
– Kontrolle, bei Küvetten 91
Sektorblenden 81
– rotierende 82
Selektivität, spektroskopische, zur Auswahl der Meßbande 15
Signal-Rausch-Verhältnis 72
Spaltbreite 14, 77
Spaltweite, Einfluß der auf Absorbance 13
Standard (äußerer) 48
– Absorptivity 48
– Gehaltsbestimmung der Binotalsäure 49
– Gehaltsbestimmung 1,4-Bis-[3-(chlormethansulfonyl)-propionyl]-piperazin 56

Standard, Gehaltsbestimmung 2-Nitrophenol 52
– Gehaltsbestimmung eines Wirkstoffes in Tabletten 55
– Standardabweichungen des Prozentgehaltes 52
– Wahl selektiver Lösungsmittel 55
Stapenor-Na/Binotal-Na, Bestimmung der Mengenverhältnisse 33, 72
– – Eichgerade 34
Standard (innerer) 38
– Analysenfunktion (Eichung, Probenmessung) 39
– 2-/4-Chlor-phenol, Bestimmung von 44
– Eichfunktion (Beispiel) 42
– Gehaltsbestimmung 43
– lineare Gleichungen 39
– Varianzen 40
Störstrahlung 83
Streustrahlung 83
Substanz-Anreicherung, Apparatur 22

T

t-Verteilung 112
Totocillin
– Bestimmung der Wirkstoffe 72
– Bestimmung der Wirkstoffe (äußerer Standard) 55
– – Eichgerade 34
– Spektrum 33
Transmittance, Beersches Gesetz 4
Trocknen, feuchter Proben 91

U

Ultraschallbad, Probenpräparation 90

V

Varianzen, innerer Standard 40
– Mehrkomponentenanalyse 73
– Mengenverhältnis-Bestimmung 25
Vergleichsküvette 93
Verstärkungsgrad 78
Volumenfehler, eines Meßkolbens, Bestimmung 9

Weitkamp / Barth
**Einführung in
die quantitative Infrarot-Spektrophotometrie**

ISBN 3 13 534301 4

Ihre Meinung über dieses Buch ist für uns von großem Interesse. Bitte beantworten Sie uns deshalb ein paar Fragen.

Bitte nehmen Sie dieses Blatt heraus und senden Sie es unfrei – Porto zahlt Empfänger – im Kuvert an:

Georg Thieme Verlag, D-7000 Stuttgart 1, Postfach 732

Besten Dank für Ihre Bemühungen!

Qualität des Inhalts

1. Wie ist das Thema behandelt?

   ☐ zu ausführlich   ☐ angemessen
   ☐ zu kurz   ☐ _____

2. Wie ist der Stoff dargestellt?

   ☐ schwer verständlich   ☐ unübersichtlich
   ☐ gut verständlich   ☐ anschaulich
   ☐ weitschweifig   ☐ didaktisch gut gegliedert
   ☐ _____   ☐ _____

3. Welche zusätzlichen Forderungen sähen Sie gern erfüllt?

   ☐ Text ausführlicher   Sachregister
   ☐ mehr Tabellen und Grafiken ☐ nicht ausreichend
   ☐ mehr Abbildungen   ☐ ausreichend
   ☐ straffere Gliederung   Literaturverzeichnis
                               ☐ zu lang
   ☐ _____   ☐ ausreichend
     _____   ☐ zu kurz

                                           bitte wenden!

Qualität der Ausstattung

	sehr gut	gut	genügend	ungenügend
Druck				
Papier				
Abbildungen				
Tabellen, graf. Darstellungen				
Gliederung				
Einband				

Der Preis des Buches ist

☐ zu hoch   ☐ angemessen   ☐ günstig

Bemerkungen / Anregungen / Hinweise auf Fehler usw.

_____
_____
_____
_____
_____
_____
_____
_____
_____
_____
_____
_____
_____

Wir nehmen Sie gern in unsere Informationskartei auf.
Bitte machen Sie uns dazu einige Angaben:

Name, Vorname
_____

Adresse
_____
_____

Beruf (Studienfachrichtung)
_____

Semesterzahl